新潮新書

有馬哲夫
ARIMA Tetsuo

# 原爆
## 私たちは何も知らなかった

JN152642

782

新潮社

# まえがき

まえから強い違和感を持っていることがあります。広島に投下された原子爆弾（以下、原爆とします）に関する資料が展示されている施設が広島平和記念資料館と呼ばれていることです。長崎のほうは長崎原爆資料館という名称になっているのですが、原爆投下にちなんで建てられた像は平和祈念像とされています。なぜ、それぞれ広島原爆資料館、原爆犠牲者像（こちらはモチーフを変えた上で）としないのでしょうか。

私はさまざまな外国に行きましたが、多くの国々に行けば行くほど、違和感が大きくなります。私が行ったことのある国々では、多くの犠牲者がでた場所、虐殺があった場所に記念館や記念碑が建っていますが、「平和祈念館」とか「平和の像」という名称は付いていません。たいていは犠牲者がでた場所の名前、虐殺があった場所の名前と「戦争記念館」、「虐殺記念館」、「犠牲者の像」、「虐殺の像」といった言葉をセットにした名称です。記念像はたしかに芸術性はありますが、犠牲者の苦難や、虐殺のむごたらしさを、直截に表現したものがほとんどです。日本でも、そのような像や絵画がないことはないのですが、なぜか目立つところにはありません。

私がもっとも心を痛めるのは、広島の原爆死没者慰霊碑に「安らかに眠って下さい　過ちは繰返しませぬから」と刻まれていることです。素直に読むと「日本は誤った戦争を仕掛けた結果、原爆を落とされました。二度とこのような過ちは犯しませんから、やすらかに眠ってください」という意味にとれます。つまり、日本は戦争を仕掛けたので罰として原爆を投下されましたが、もう戦争はしませんからこれからは原爆の被害に遭うことはないでしょう、ですから安らかに眠ってくださいということです。多くの日本人はそう理解するのではないでしょうか。

広島市はこの碑文の意味を「原子爆弾の犠牲者は、単に一国一民族の犠牲者ではなく、人類全体の平和のいしずえとなって祀られており、その原爆の犠牲者に対して反核の平和を誓うのは、全世界の人々でなくてはならないというものです」と説明しています。私は何度も読み返しましたが、そのように理解することはできませんでしたし、今もできません。普通に読んでとれる意味にしかとれません。つまり、日本は間違った戦争を仕掛けたのだから罰として原爆が使われたのだということです。これはアメリカ側の論理ではないでしょうか。これだと、広島・長崎の被爆者は、罰せられたということになってしまいます。何の罪も犯していないのにこんな自虐的な受け止め方をしていいのでしょうか。被害者でありながら、原爆投下の加害者を非難するのではなく、相手を恨むのではなく、平和を祈ろうというのです。

日本人は原爆が投下されてから70年以上も平和を祈り続けてきました。戦争もせず、他の国から一片の領土を奪ったこともありません。にもかかわらず、この間、アメリカ、ソ連（現・ロシア）に続いてイギリス、フランス、中国、インド、パキスタン、そして北朝鮮が核兵器を手に入れました。

このなかでロシア、中国、北朝鮮は日米安全保障条約で想定している「武力攻撃」を日本に対してする可能性がある国々です。彼らが一発の核ミサイルを首都圏に撃てば3000万人以上の日本人が死に、日本は壊滅します。いつそれが起きてもおかしくありません。日本は戦争をしなかったのに、平和を祈り続けてきたのになぜこうなったのでしょうか。これでは原爆死没者は安らかに眠れません。

そもそも私たちが持っている原爆についての認識は、最初から、根本的な部分で間違っていたのではないでしょうか。つまり、百歩譲って間違った戦争を仕掛けたとして、そのことと原爆を投下されたことは関係がないのではないかということです。原爆は戦争を終わらせるために使われたものでさえないかもしれません。

戦争をせず、平和を祈れば原爆の災禍は二度と起こらないという考えは、核兵器を持っている人々が理性的で良識的な人々で、それゆえ自分たちが持っている最終兵器を使う選択は決してしないことを前提にしています。現在、核兵器を持っている国々のトップの顔を思い浮かべてそうだといえるでしょうか。

そもそも、日本に原爆を使用したアメリカ大統領ハリー・S・トルーマンは、理性的で良識的な人だったのでしょうか。だとすれば、なぜ、なんのために、原爆を日本に使用するという選択をしたのでしょうか。実は、イギリス首相ウィンストン・チャーチルも日本に対する原爆使用には責任があるのですが、彼はなにを考えて、なんのために「共犯」になったのでしょうか。

私たちは、これまで占領中にアメリカ軍によって植え付けられてきた自虐的歴史観のせいで、アメリカ側の原爆プロパガンダを信じ、きわめて根源的な問いを発することをしてきませんでした。この歴史観から脱するためには、これまで歴史的事実と思われてきたことを疑い、問うことがなかった問いを発し、それに対する答えを得る必要があります。アメリカ第二公文書館、イギリス国立公文書館、カナダ国立図書・公文書館に所蔵されている数万点におよぶ膨大な公文書をもとに、以下でそのような試みをしていこうと思います。

原爆　私たちは何も知らなかった●目次

ない／日本側はなぜポツダム宣言を即時受諾できなかったのか／原爆はなぜ2発続けて投下されたのか／日本は無条件降伏どころかバーンズ回答さえ受け入れていない／原爆投下は天皇御聖断に影響を与えていない／トルーマンは自己弁護のため日記を残した



原爆投下は始まりだった／ボーアはソ連を入れて国際管理にするよう両首脳に訴えた／閣僚たちがボーアにチャーチルを説得させようとした／ルーズヴェルトは国際管理に前向きだった／スティムソンは新大統領に国際管理を説いた／バーンズとトルーマンが国際管理に反対した／今日の状況を予言していた「フランク・レポート」／スティムソンは原爆投下後に使用禁止を提案していた／科学者たちの予言はロンドン外相会議で的中した／イギリスとカナダはケベック協定の履行を求めた／バーンズは何に合意するかより合意することを優先した／トルーマンはバーンズと国際管理を棄てた／トルーマンは科学者たちの警告を無視してウラン資源の独占に頼った／悔い改めざるトルーマンが歯止めなき核拡散を招来させた

**主な登場人物**〔50音順・（　）内は初出ページ・☆＝合同方針決定委員会メンバー、◎＝暫定委員会メンバー〕

**アインシュタイン、アルバート**（19）スイスの物理学者
**アトリー、クレメント**（166）チャーチルのあとのイギリス首相
**アンダーソン、ジョン**（99）合同方針決定委員会のイギリス側メンバー。原子力開発担当大臣☆
**イーデン、アンソニー**（98）イギリスの外務大臣
**ヴァイツゼッカー、フォン**（20）ドイツの外務政務次官
**ヴァンデンバーグ、アーサー**（225）アメリカの連邦上院議員
**ウィルソン、メイトランド**（99）イギリスの陸軍元帥 ☆
**ウォレス、ヘンリー**（46）ルーズヴェルト政権下の副大統領。最高方針決定委員会メンバー
**エルジー、ジョージ**（147）トルーマンの大統領補佐官
**オッペンハイマー、ロバート**（39）マンハッタン計画を統括したアメリカの物理学者
**オリファント、マーク**（33）在英オーストラリア人物理学者
**カイザー、デイヴィッド**（185）マサチューセッツ工科大学教授
**カヴァート、サミュエル**（123）アメリカキリスト教協会幹部
**加瀬俊一**（145）駐スイス公使
**カピッツァ、ピョートル**（194）ソ連の物理学者
**カルバート、H・K**（73）アメリカ戦略情報局少佐。原爆インテリジェンス特殊班
**木戸幸一**（173）内大臣
**グルー、ジョセフ**（127）アメリカ国務長官代理

## 主な登場人物

**クレイトン、ウィリアム**（107）アメリカ国務次官補　◎

**グローヴス、レスリー**（46）マンハッタン計画を指揮したアメリカ陸軍少将。最高方針決定委員会メンバー

**ケナン、ジョージ**（225）アメリカ国務省対ソ専門家

**ゴーイング、マーガレット**（28）イギリスの科学史研究者

**コナント、ジェイムズ**（45）アメリカ国防研究委員会化学・爆発物部門の主任。ハーバード大学学長　☆◎

**コワルスキー、レフ**（39）ソ連からフランスに帰化した物理学者

**コンプトン、カール**（107）アメリカ科学研究開発局委員　◎

**ザックス、アレキサンダー**（21）ルーズヴェルトの友人

**ジョリオ・キュリー、フレデリック**（19）フランスの物理学者

**シラード、レオ**（19）ハンガリーの物理学者

**鈴木貫太郎**（173）終戦時の首相

**スティムソン、ヘンリー**（53）アメリカ陸軍長官　☆◎

**チャーチル、ウィンストン**（6）イギリス首相

**チャドウィック、ジェイムズ**（39）イギリスの物理学者

**ティザード、ヘンリー**（41）イギリス空軍科学産業部長

**ディル、ジョン**（54）イギリス陸軍元帥　☆

**東郷茂徳**（145）外務大臣

**トルーマン、ハリー・S**（6）アメリカ合衆国第34代副大統領。第33代大統領

**パイエルス、ルドルフ**（33）イギリスに亡命したドイツ人物理学者

**ハイゼンベルク、ヴェルナー**（29）ドイツの物理学者、原子力研究者

**ハウ、C・D**（51）カナダの軍需大臣　☆

**バード、ラルフ・A**（63）アメリカ海軍次官　◎

**ハリソン、ジョージ・L**（107）スティムソン陸軍長官の特別顧問　◎

**ハルバン、ハンス・フォン**（39）ドイツからフランスに帰化した物理学者

**ハーン、オットー**（23）ドイツの物理学者

**バーンズ、ジェイムズ**（63）アメリカ戦時動員局長、のちに国務長官　◎

**バンディ、ハーヴェイ**（99）スティムソンの秘書。暫定委員会の書記

**ピアソン、L・B**（219）カナダの合同方針決定委員会書記

**ヒトラー、アドルフ**（29）ドイツ首相、総統

**フェルミ、エンリコ**（19）イタリアの物理学者

**ブッシュ、ヴァネヴァー**（46）アメリカ科学研究開発局長官　☆◎

**フランクファーター、フェリックス**（197）アメリカ最高裁判事

**フリッシュ、オットー**（33）イギリスに亡命したドイツ系物理学者

**ベインブリッジ、ケネス**（45）アメリカの物理学者

**ボーア、ニールス**（66）デンマークの物理学者

**マーキンズ、ロジャー**（91）イギリス駐アメリカ公使

**マーシャル、ジョージ**（99）アメリカ陸軍参謀総長

**ミー、チャールズ**（184）『ポツダム会談』の著者

**米内光政**（145）海軍大臣

**ラザフォード、アーネスト**（39）ニュージーランド生まれのイギリスの物理学者

**リーヒ、ウィリアム・ダニエル**（133）アメリカ大統領軍事顧問

**リンデマン、フレデリック**（43）チャーチルの科学顧問で国庫局長官

**ルウェリン、J・J**（54）イギリス軍大佐　☆

主な登場人物

**ルーズヴェルト、フランクリン・デラノ**（19）
第32代アメリカ大統領

**ローズ、リチャード**（36）『原子爆弾の誕生』を書いたアメリカのジャーナリスト

**ロトブラット、ジョセフ**（35）ドイツが原爆を作っていないとわかって原爆開発から離脱したイギリスの物理学者

# Ⅰ　原爆は誰がなぜ作ったのか

## アインシュタインの手紙から始まったのではない

「原爆を誰がなぜ作ったか」という問いに対する説明でよく引用されるのがアルバート・アインシュタインがアメリカ大統領フランクリン・デラノ・ルーズヴェルト宛に書いた手紙です。相対性理論で有名な物理学者はこのなかで、要約すると次のようなことをいっています。

エンリコ・フェルミ（イタリアの物理学者）、レオ・シラード（ハンガリーの物理学者）、フレデリック・ジョリオ - キュリー（フランスの物理学者）の研究によってウランの核分裂から巨大なエネルギーが生まれることがわかってきた。あまりたしかとはいえないが、これを利用すれば船に積めるくらいの大きさと重さで、一発で港や周辺を壊滅させる爆弾が作れるかもしれない。原料となるウラン鉱石の鉱山は、カナダとチェコスロバキアにあるが、もっとも有力なのはベルギー領コンゴにある。大統領は、核分裂を研究している科学者たちと継続的に接触する必要がある。この目的のため誰か非公式な立場で活動できる人物を見つけ、今後の開発の情報を政府機関へ逐次伝え、政府の施策に対しての提案を行わせるといい。また資金を大学の研究機関に供給し、この方面の実験・研究をスピードアップすること。

最近ドイツはチェコスロバキアのウラン鉱石を輸出禁止にしている。しかも、カイザー・ヴィルヘルム研究所に外務政務次官のフォン・ヴァイツゼッカーの息子がいるので、この核分裂の研究にドイツが国家的支援を与える可能性が高い。[1]（以上は原文が長いので要約したものです。以降、このような要約の場合はゴチック体で示します）

この手紙を読んで原爆の必要性に目覚めたルーズヴェルト大統領が原爆開発計画であるマンハッタン計画を立ち上げさせた——日本ではそういう理解が一般的なのではないでしょうか。つまり、手紙を読んだルーズヴェルトがナチス・ドイツの原爆開発の危険性を知って、これに対抗するためにマンハッタン計画を始めさせたというものです。

この俗説は、誰がなぜ原爆を開発したのかという問いに対する答えとして重要な点で歴史的事実と違います。まず指摘しなければならないのは、ルーズヴェルトがこのあと科学者たちに始めさせたのは原爆開発ではなく、核分裂から生まれる原子エネルギーの研究だったことです。手紙でもアインシュタインは、核分裂によるエネルギーが爆弾に結びつくかどうか「あまりたしかではない」と書いている点に注目してください。

アインシュタインがこの手紙を書いたのは１９３９年８月２日でした。この手紙を取り次いだのはルーズヴェルトの友人アレキサンダー・ザックスですが、彼が大統領と手紙の件で会見したのは10月11日です。ドイツがポーランド侵攻を始めて第二次世界大戦が勃発するのは、手紙が書かれてから１カ月後の同年９月１日です。

手紙を書いた時点ではドイツは戦争を始めていませんでした。ルーズヴェルトが手紙の内容を聞いた10月11日には、第二次世界大戦が始まっていましたが、アメリカはまだ参戦していません。

また、ザックスの話を聞いたときもルーズヴェルトは「要するに君がして欲しいのはナチスに吹き飛ばされないようにしてもらいたいということだね」といったそうです。[2]

そんなに深刻に受け止めているようではありません。

それもそのはずで、ドイツが電撃戦で破竹の勢いで進撃し、ヨーロッパをほとんど手中に収めるようになるのは、もう少しあとのことです。この手紙を読んだ時点でルーズヴェルトがドイツに脅威を感じる理由はありません。

とすればポーランド侵攻当時ドイツが核分裂の研究をしていたとしても、大きな問題とはなりません。百歩譲ってドイツが原爆を開発していたとしても、あるいは将来するとしても、ドイツと戦争しなければいいだけの話です。もともとアメリカの当時の世論はヨーロッパの戦争に巻きこまれることに反対でした。

ですからアインシュタインのこの手紙も、「ドイツが戦争を起こそうとしていて、核分裂によるエネルギーを軍事的に利用するかもしれないので、アメリカもこのような研究を始めてはいかがでしょうか」くらいの意味しかなかったのです。[3]本当の原爆開発計画は、後で述べるように、別なきっかけからもっとあとに始まります。

### アインシュタインはシラードに依頼された

実は、この手紙は、ドイツからイギリスを経由してアメリカに逃れてきたシラードがアインシュタインに頼んで書いてもらったものでした。シラードはハンガリー人ですが、ドイツの物理学者オットー・ハーンが前の年の1938年に、ウランに中性子をあてると核分裂が起こって別の元素になるのを発見したことに恐怖を感じていました。だから、彼はハーンから核分裂について知らされたドイツの科学者たちがヴィルヘルム・カイザー研究所など先端的科学施設で実験を行い、軍事的利用の可能性に気付くことを恐れたのです。

シラードはアメリカへ来るまえはイギリスにいたのですが、ヨーロッパの雲行きが怪しくなるにつれて、再び戦争になるに違いないと考え、大西洋を渡ったのです。彼は、アメリカで生活の糧を得なければならないとも考えたでしょう。実際、彼はアメリカ政府が1940年に4万ドルの研究費をコロンビア大学に与えたあとで、この大学に雇用されます。つまり、この手紙の1年あとです。[4]

ザックスからアインシュタインの手紙について説明を受けたルーズヴェルトが設置を命じたのは、ウランの利用について広く議論するウラン委員会（Uranium Committee）でした。実際の原爆開発計画であるS‐1（原爆開発計画のアメリカ側の名称、公文書ではこちらが使われることが多い）がルーズヴェルトの承認を得るのは、アインシュタインが手紙を出してから2年以上もたった1941年の10月です。[5]この時ならば、2カ月を待たずドイツがアメリカに宣戦布告するので、「ナチスに吹き飛ばされないようにすること」は大切です。

## アメリカは原爆をプロパガンダに使った

アインシュタインの手紙は原爆開発のきっかけではなかった。にもかかわらずなぜ、このような、歴史的事実とは違う話が広まっているのでしょうか。それはアメリカのプロパガンダの影響だと思います。

戦争のあと、アメリカは原爆を他国に先駆けて、独力で開発したという神話を作ろうとしました。アメリカが最強国で科学技術も発達していると誇りたいからです。原爆開発を思い立ったのも、それを始めたのもアメリカではなく、他の国だったと気付いて欲しくないのです。ですから、原爆開発とは直接つながっていかない、しかし日付だけは早い、アインシュタインの手紙を取り上げたがるのです。

日本は終戦後7年間にわたってアメリカに占領されていました。その間、検閲と言論統制が行われていました。つまり、アメリカにとって都合がいいことばかり取り上げさせて、都合の悪いことは報道させない状態にあったのです。1952年に占領は終わりますが、そのあいだに日本のマスメディアは徹底的に改造されたので、現在でも親米でアメリカ寄りです。それは日本を離れて、ヨーロッパなどに少し長く滞在するとわかります。

プロパガンダといえば、「アメリカは日本に使用するために原爆を作った」と思っている人がいるので、あらかじめここで断っておきましょう。前に述べたことからもわかるように、アメリカは日本に使用しようと思って原爆開発に乗り出したのではありません。むしろ、開発を始めたときは、日本に使うことはないだろうと考えていました（理由は後述します）。

アメリカは日本と1941年12月7日（アメリカ東部標準時）に、ドイツとは11日に戦争状態に入りました。この戦争がどうなるか、どのくらい長く続くか誰にもわかりませんでした。原爆開発もこのあとにゴーサインがでるのですが、これもまたいつ完成するのか、ルーズヴェルトにも誰にもわかりませんでした。科学者たちは2、3年で完成するといっていましたが、彼ら自身も確信はありませんでした。

したがって、日本に投下したのは、完成が間にあったからです。他にも、原爆の使い方において大きな変更があったのですが、これについてもあとで詳しく述べます。

### 原爆より平和利用の研究が先行していた

では、アインシュタインの手紙についてザックスから説明を聞いてからマンハッタン計画が始まるまで、ルーズヴェルトは何をしていたのでしょうか。

ザックスから話を聞いてルーズヴェルトが設置させたのはウラン委員会だと述べました。この委員会の目的は核分裂から生まれる原子力エネルギーの利用に関する研究です。委員会は1939年11月1日に最初の報告書を出しています。

アメリカの公文書では、原爆にS‐1という暗号があてられています。S‐1が原爆のことを意味するようになったのは、ウラン委員会がアメリカ国防研究委員会(National Defense Research Council)に吸収されてからです。S‐1委員会は1941年12月18日に最初の会合が持たれています。[6]アメリカが日本に宣戦布告した11日あとになりますが、この時点でS‐1委員会がウラン委員会にとってかわったと考えていいでしょう。[7]

ここは、アメリカのプロパガンダのこともあり注意していただきたいところですが、アインシュタインの手紙に言及されるシラード、フェルミ、ジョリオ-キュリーは核分裂の連鎖反応によって大きなエネルギーが生まれることを指摘しただけであって、原爆製造の可能性を示したのではありません。つまり、純粋ウランが一気に核分裂の連鎖反応を起こしてTNT火薬数千トン分もの破壊力を発揮するということ、それでいながら数キロと軽量ですむので飛行機などから爆弾として落とす（いまならミサイルに搭載する）など軍事的に使用できることを示したわけではないのです。それは別の国にいた他の科学者たちが示すことになるのです。

そして、真珠湾攻撃のあとに、アメリカは原爆開発に乗り出していきます。ちなみに、アインシュタインがいうような巨大なものでは、たとえ威力があったとしても、軍事的に用いるのは難しかったでしょう。

実際、ウラン委員会は核分裂によって生まれるエネルギーの使い方として潜水艦の動力にするというアイディアくらいしか思いつきませんでした。[8]それでも、これは原子力潜水艦なので、その先見性に驚きます。しかし、原爆ではなかったのです。

潜水艦に使おうとしたのですから軍事利用とはいえますが、あくまでも爆発させるのではなく、持続的に核反応を起こさせて動力として使うというのですから、たとえば貨物船であっても、列車であっても構いません。これは平和利用です。
ただ、放射能という人体によくないものを放出することはわかっていたので、海を航行する船がよく、潜水艦ならなおいいと思ったのです。潜水艦は動力を燃焼機関にすると酸素が必要なので長時間潜水できませんが、原子力だと酸素を使わないので長期間潜水したままでいられるというメリットもあります。現在、原子力潜水艦がもてはやされるのはこの理由です。

よく原子力の利用は、軍事利用つまり原爆開発が先行していて、そのあとに原子力の平和利用が始まったと思っている人がいるのですが、これもここで違うと指摘しておきましょう。事実は逆だったのです。

イギリスの科学史研究者マーガレット・ゴーイングは、ウランの核分裂の発見が1939年（ハーン本人は気が付いていないので1年ずれています）になされたために「イギリスにいた最良の物理学者の多くが不可避的に原子力エネルギーの破壊的な潜在能力を引き出すことに努力を振り向けることになった」と述べています。[9]裏を返せば、平和時だったら平和的利用だけ考えて、原爆など発想しなかったかもしれないということです。軍事利用と平和的利用の違いは、つまるところ、どのように核分裂を連鎖反応させるか、一瞬に爆発的にか、持続的にゆっくりか、そのエネルギーを破壊に使うのか、動力などに使うのかの違いしかないのです。

原子力エネルギーの利用を考えていたほとんどの科学者たちは、とにかく核分裂の連鎖反応を起こすこと、そこからエネルギーを得ること、それを利用することを考え、原爆のような使い方を発想しませんでした。

## ドイツが開発していたのは原爆ではなかった

実際、ドイツもまた原子力エネルギーを開発していたのですが、彼らは「ウラン・エンジン」を開発して動力または発電に使おうとしていました。[10]つまり、「ナチス・ドイツに先を越されないように」といっても、当のドイツは原子力エネルギーを動力または発電のためには使っても爆弾として使うことは考えていなかったのです。ただし、核分裂を発見したのはハーンでしたし、原子炉とウラン化合物は持っていたので、原爆という発想を思いつけば、彼らが作った可能性もゼロではありません。

一説には、ドイツの原子力エネルギー開発トップのヴェルナー・ハイゼンベルクがアドルフ・ヒトラーの暴虐ぶりを恐れて、故意にドイツの原子力研究が原爆製造に向かわないようにリードしたともいわれています。[11]ハイゼンベルク自身による告白も記録もなく、彼が頭のなかで何を考えていたかわからないので、そのような説をとるドキュメンタリー番組があるとはいえ、あくまで推測でしかありません。いずれにせよ、このことを調査していた、アメリカの戦略情報局（Office of Strategic Services、ＣＩＡの前身）の特殊班は１９４４年の9月には、戦争が終わるまでにドイツが原爆を手にする可能性はないと考えていい、という結論に達していました。このことについては、あとでまた詳しく述べます。

戦後ドイツの原子力エネルギー開発に携わった科学者たちは、ケンブリッジ大学に近いゴッドマンチェスターにあった収容施設ファーム・ホールに入れられるのですが、そこで彼らの会話を盗聴した結果からも、彼らは動力源としての「ウラン・エンジン」は考えても、原爆という発想はなかったということがわかっています（ハイゼンベルクがわざとしなかったかどうかは盗聴からもわかっていません）。[12]

繰り返しますが、アメリカは、アインシュタインの手紙以降、原子力エネルギー利用の研究をしていたのであって、原爆の研究をしていたのではありません。ルーズヴェルトが原爆のアイディアを知り、その開発に関心を持ちだすのは、日本と開戦するおよそ

2カ月前の1941年10月です。つまり、どうもドイツとの戦争が避けられそうもないとわかってからです。ルーズヴェルトは、日本とアメリカが戦争状態に入れば、ドイツもアメリカに宣戦布告することを駐米ドイツ大使館参事ハンス・トムゼンから得た情報により同年10月頃には確認していました。[13]

ということは、原爆開発ありきではなく、原子力エネルギー開発ありきだったということです。これまで、原爆開発はそれ自体を目的とした単発のプロジェクトとして始まったと思われてきましたが、これは違います。あくまでも原子力エネルギー開発があり、その一環として、またその異端的応用として、原爆の研究が始まったのです。

この事実は理にもかなっています。つまり、アメリカはまだどの国とも戦争していないのに、ナチス・ドイツの脅威だけで原爆のアイディアに関心を持ったかというと、答えはノーだったということです。そうではなく、まだ戦争になっていなかったので、アメリカは原子力エネルギーの開発から始め、ドイツと戦争になりそうなので、原爆のアイディアを知った後、こちらに全力を傾けることにしたのです。

## イギリスが最初に原爆開発を始めた

では、当時の科学者たちの間では異端だった、ウランの核分裂エネルギーを爆弾に使うアイディアが最初に登場したのは、どこの国だったのでしょうか。

それはイギリスだったのです。これまで原爆といえばアメリカだけを見てイギリスに目を向けることはありませんでしたが、これは根本から改めなければなりません。また、日本で原爆についていわれてきたことも、アメリカからの視点に加えて、イギリス（あとで述べるようにカナダも）からの視点から根本的に見直さなければなりません。

ドイツの１９３９年のポーランド侵攻のあと、イギリスはドイツに宣戦布告し、戦争状態に入りました。これはアメリカが日本およびドイツ、イタリアと戦争に入る２年前です。したがって、イギリスこそまさしく「ドイツに先を越されないようにする」必要があったのです。

そのイギリスでさえ、まずケンブリッジ大学などでの原子力エネルギー研究の長い歴史があって、そのうち連鎖反応を爆発的に引き起こすことができると考える科学者たちがでてきて、そこから原爆開発がはじまったのです。

## 原爆は抑止のために考えだされた

さて、原爆を最初に作ろうと思い立った国はイギリスだったのですが、では誰がこの異端的ウラン・エネルギーの使い方を考え付いたのでしょうか。

それは、オットー・フリッシュとルドルフ・パイエルスでした。名前からもわかるように、そして皮肉なことに、彼らはドイツ系でした。フリッシュはオーストリア生まれ、パイエルスはドイツ生まれです。彼らはナチス・ドイツを嫌ってイギリスに亡命し、バーミンガム大学物理学教授のマーク・オリファントのもとに身をよせていました。

彼らは１９４０年3月に原爆の可能性についての覚書（フリッシューパイエルス・メモ）を書きました。その要点は以下の通りです。

「核分裂を連鎖的に引き起こすのに必要な純粋なウランは、1ポンド（およそ４５０グラム）の重さで十分である。それがＴＮＴ火薬に換算すると１０００トンもの破壊力を発生させる」[14]

ポイントは1ポンド（約４５０グラム）の純粋ウランで足りるということです。実際には11ポンド必要になるのですが、それでもおよそ5キロ。ウラン鉱石はウランを０・7パーセントしか含んでいないので、1キロ作るのにも莫大な費用をかけて巨大な精製設備を作り、２０００もの濃縮行程を経なければ作れません。[15]仮にＴＮＴ火薬数千トン分の破壊力があったとしても、何トンもの純粋ウランが必要なのでは、時間とお金が果てしなくかかるので作る意味はありません。従来のＴＮＴ火薬の方がましだからです。

　この物理学上の原爆の可能性の指摘も重要ですが、このメモはもう一つ重要な考え方を含んでいました。それは、なぜ原爆を作るのかということです。それは、フリッシュもパイエルスもドイツから逃れてきた亡命者だということと関係していました。メモはこういっています。

「ドイツがこの兵器（原爆）を持っている、あるいは将来持つと仮定すると、これから身を護れる大規模で効果的なシェルターはないことに気が付く。もっとも効果的な方法は同じような爆弾で脅威を与えることだ。攻撃の手段として使用するつもりはないとしても、できるだけ早くこの爆弾の製造を始めることが大切だ」

　彼らはこう考えたのです。このような威力をもった兵器から身を守るすべはない。だから、使わせないようにしなければならないのだが、最適な方法は同じ威力の兵器を持つことである。やれば、やりかえされると思わせることだ。これによってドイツに原爆の使用を思いとどまらせることができる。だから、われわれは原爆を作らなければならない。[16]

これは今でいう「抑止論」です。つまり、使うためではなく、使わせないために原爆を作る必要があるという考え方です。この「抑止論」は、原爆開発に関わった科学者たちのほとんどが持っていた考え方です。彼らは自分たちが作っているものが、実際に使われて、何十万人ものなんの罪もない一般市民を焼き殺すことになるとは考えたくなかったのです。

1944年になって、ドイツに原爆を作る力はもはやないだろうと科学者たちが確信し始めたとき、イギリス人科学者ジョセフ・ロトブラットなどは開発チームから離脱しました。[17]彼にしてみれば、ドイツの原爆使用の抑止が目的なのですから、もはやそれを作る理由はなくなったのです。むしろ、作ってはならないのです。1945年5月のドイツの降伏以降は、もっと多くの科学者たちが同じ理由で辞めます。

## 原爆は日本に使うことを想定していなかった

アインシュタインはこの「抑止論」まではいきませんが、「ドイツが開発するかもしれないので、対抗上必要だ」といっているようなので、「対抗論」の立場にいたということができると思います。

前に見たようにルーズヴェルトも「要するにわれわれがナチスに吹き飛ばされないようにしてほしいということだね」といっていますので、言葉の上では「抑止論」と取れます。

アメリカのジャーナリスト、リチャード・ローズ（『原子爆弾の誕生』でピューリッツァー賞を受賞）などは、また別の「対抗論」を述べています。つまり、原爆の威力は非常に大きいので、それをドイツが完成させたら、それまでどんなにアメリカやイギリスが優勢であっても、一挙に形勢は逆転してしまう。戦争がどんなに有利に展開したとしても、ドイツが原爆を持つ可能性があるうちは、アメリカとイギリスの勝利は確定しない。だから、ドイツに確実に勝つためには、原爆を完成させなければならない。[18]これは戦争が少し進んだあとの「対抗論」といえると思います。この論理もドイツを戦争に勝たせないためのものであり、また、ドイツが持たない限り、使う必要を認めていません。

これはとても重要なことです。当時ですら、誰も「攻撃論」は唱えてはいません。つまり「原爆を使えば一都市を壊滅させ、住民を大量殺戮できるので開発すべきだ」とは考えていなかったのです。それは戦争犯罪であり、人道に対する大罪だからです。

アメリカはいまでも「戦争終結を早めるために」あるいは「数十万の日米の将兵の命を救うために」原爆を使ったといいます。レトリックは巧みですが、要するに、これは「攻撃論」です。相手に甚大な被害を与え、大量殺戮し、戦意を喪失させ、戦争継続をあきらめさせるということです。これによって、戦争終結が早まり、それによって数十万の日米の将兵の命が救われるという考え方です。

これは原爆開発に携わった科学者たちの論理ではありませんでした。それに彼らのほとんどは、ドイツが原爆を持ち、永久にヨーロッパを支配することを恐れていました。ドイツの原爆の使用を抑止するために、あるいは対抗するために、連合国側は原爆を持つべきだと考えたのです。

前に、ルーズヴェルトが原爆開発に踏み切ったとき、日本に使うことはあまり想定していなかっただろうといったのは、これらのドイツに対する「抑止論」「対抗論」が根拠です。

残念ながら、当時の日本は原爆を作れる国とはみなされていませんでした。技術もなかったのですが、それ以上に資源がなかったからです。ウラン鉱石があったのは、アインシュタインの手紙にもあるように、カナダ、チェコスロバキア、ベルギー領コンゴでした。どちらも日本には手が届きません。つまりドイツが原爆を持たない限り、日本も持つことはないと考えられていたので、アメリカもイギリスもドイツの動向にだけ注意を向けることになります。それだけに、日本に原爆を使用したのは不当だったということにもなります。

**原爆開発は国際的プロジェクトだった**

ここで、「誰が原爆を作ったのか」の「誰が」の部分、国ではなく、科学者たちの部分に関し、少し詳しく述べておこうと思います。なぜなら、日本人は「アメリカが原爆を作った」と思いこんでいるので自動的に「アメリカ人が原爆を作った」と思ってしまっています。「どこの国が」の部分はあとで詳しく述べますが、まず「アメリカ人が」という部分がいかに間違っているかを明らかにしたいと思います。これはあとの「Ⅲ 原爆は誰がなぜ拡散させてしまったのか」に関係してくる重要なことです。

フリッシュとパイエルスが頼ったオリファントは、当時バーミンガム大学教授でしたが、イギリス人ではありません。彼はオーストラリア生まれで、国籍も生涯オーストラリアのままでした。

ノーベル賞受賞者や原子力エネルギー開発で重要な役割を果たした研究者（あとにでてくるジェイムズ・チャドウィック、ロバート・オッペンハイマーなどを含む）の多くはケンブリッジ大学カベンディッシュ研究所出身ですが、その所長だったアーネスト・ラザフォードはニュージーランド生まれです。その功績によって爵位を受けて、イギリスに帰化しましたが、ケンブリッジ大学に来る前はカナダのモントリオールにあるマックギル大学で教鞭をとっていました。

やはり原爆開発で大きな役割を果たした3人のフランス人科学者たちのうち、ハンス・フォン・ハルバンはドイツから、レフ・コワルスキーはソ連からフランスに帰化したのですが、フランスがドイツに占領されたため、原爆開発計画がイギリスで立ち上がったとき、イギリスにいました。

彼らのリーダー格にあたるフレデリック・ジョリオ-キュリーは生まれも育ちもフランスですが、義母はポーランドから帰化した、あのラジウムの発見で有名なマリー・キュリーです。そして、彼の場合は、ドイツのフランス占領のあともフランスに留まりました。

この出身や所属の複雑さはアメリカ側の科学者たちも同じで、ルーズヴェルトに手紙を書いたアインシュタインはスイス人、それを依頼したシラードはハンガリー人、世界初の原子炉を作ったエンリコ・フェルミはイタリア人で、マンハッタン計画に参加した科学者たちを指揮したことで知られているロバート・オッペンハイマーは、名前からもわかるように、ドイツ系ユダヤ人2世です。彼は博士号をゲッティンゲン大学で取得していることからもわかるように、研究経歴ではドイツやイギリス（カベンディッシュ研究所）と強い結びつきがあります。

このように原爆開発に関わった科学者たちの出身国、国籍はどこで、研究したのはどこかと問うと、複雑な答えが返ってくる人が多いのです。しかも、彼らはヨーロッパ、北米（アメリカとカナダ）を動き回っていました。しかし、彼らの共通点は、ナチス・ドイツに迫害されたか、あるいは強い嫌悪感を持っているということです。

このことは原爆開発とは何だったのかを考えるうえで重要です。つまり、原爆開発は、関わった科学者たちの面から見れば（あとで述べますが国の面でも）、まさしく国際的プロジェクトだったということです。また、だからこそ、科学者たちは、自分たちが原爆を完成させたら、たちまち世界にそのノウハウが広まってしまい、文明の終わりがやってくるのではないかと恐れたのです。ただし、動機の上ではナチス・ドイツが原爆を持つことによって、ヨーロッパ支配を永続化させることがないようにという、地域的なものだったといえます。彼らは、アジアや日本のことにはあまり関心がなかったのです。

**イギリスはモード委員会に原爆研究を命じた**

さてオリファントは、前述のフリッシュ－パイエルス・メモをイギリス空軍科学産業部長（Director of Department of Scientific and Industrial Research）のヘンリー・ティザードに送りました。彼は遅くとも3月19日までにこのメモを読み、その結果、原爆の可能性について検討するモード委員会（MAUD Committee）が設置されることになりました。[20]この委員会はフリッシュ－パイエルス・メモを研究・検討したあとで、およそ次のような結論を出しました。

1．ガス拡散法などによって濃縮されたウラン235約11キログラムでTNT火薬およそ1800トン分の破壊力をもつ爆弾を製造することが可能である。

2．ガス拡散法を使っても、濃度を高められるのはほんのわずかでしかない。したがって濃縮行程を約2000回も繰り返すことによって純度を高めることになるが、これには巨大で複雑な設備の工場を作る必要がある。このような工場がうまく作れて、それが計画どおり作動したとしても、原爆に使用できる濃度のウランは1日にほんのわずかしかできない。

3．試算では、およそ500万ポンドの経費をかけて20エーカー（8万937平方メートル、東京ドームの約1・7倍）の大きさの工場を作れば1日1キロの原爆に使用できる濃縮ウランを生産することができる。[21]

つまり、原爆の製造は理論的には十分可能だが、それには巨額の資金、巨大な工場設備、膨大な量の資材と薬品、大量のウラン鉱石が必要だということです。これは当時のイギリスの状況を考えると、ほぼ不可能だといっているのに等しいのです。

私たち日本人はアジア地域での戦争のことは比較的よく知っているのですが、ヨーロッパ地域での戦争、特にドイツとイギリスの戦争のことはあまりよく知りません。イギリスは、戦争に勝ったのだから、たいして被害がなかったのだと独り決めしています。しかし、実際には、特にロンドンなどがドイツ空軍の爆撃で大きな被害を受け、あと少しで降伏せざるを得ないところに追い込まれていたのです。

私は、チャーチルの側近で戦争計画を担当したフレデリック・リンデマンの残した文書をオックスフォード大学ナフィールド・カレッジで閲覧したことがあります。彼が作った統計を見ると1941年の春には、ドイツ空軍によって撃ち落とされる軍用機（爆撃機、戦闘機、輸送機）の数がイギリスが生産する軍用機の数を上回り始めていました。つまり、あと数カ月でドイツ空軍がイギリス本土の制空権を握るところまで来ていたのです。[22]これはイギリス本土上空ががら空きになり、ドイツ空軍がどこでも好きなところを思い通り爆撃できる状態になるということです。戦争末期の日本と同じ状態で、これは、イギリスの敗北を意味します。

幸い、そのことを知らなかったヒトラーが、同年の6月22日にソ連侵攻を始め、それに航空兵力を割いたので、イギリスは九死に一生を得ることができたのです。

このような状況ですので、できるかどうかわからない、できたとしても早くて2、3年後になる兵器に500万ポンドも戦費を回せませんし、東京ドームの約1・7個分の大きさの巨大工場を作り、そこに膨大な数の資材、薬品、ウラン鉱石を運び込むこともできません。それはドイツ空軍の絶好のターゲットになるでしょう。

それ以前に、ドイツのUボートのために海上輸送ルートがズタズタにされていて、カナダやコンゴからウラン鉱石をイギリス本土に運び込むことも困難です。つまるところ、原爆を作ることはできるのですが、本国ではそれはできないのです。

モード委員会は1941年7月15日に次のような結論を出して解散しました。

「1．委員会はウラン爆弾の計画が実現可能であり、この戦争において決定的な結果をもたらすだろうと考える。

2．この作業を最優先かつ、可能な限り最短の時間で爆弾を得るために規模を拡大して継続することを勧告する。

3．アメリカとの現在の協力は維持されるべきであり、また特に実験作業の分野において拡大されるべきである」

これを受けて、チャーチルはチューブ・アロイズ計画、すなわち原子力・原爆開発を進めるよう命じます。「抑止論、対抗論」でいくならば、ドイツが原爆開発に成功する可能性のあるうちは、この計画を放棄するわけにはいかないからです。

しかし、前に述べた理由で、命じたものの、イギリスで原爆を製造することは考えられません。そこでチャーチルはそれをカナダでやろうと考えるのです。実際、3年後の

1944年末になってカナダのオタワ川河畔に原子炉を作り、翌年にはプルトニウムを生産することに成功します。[23]

**モード委員会報告書がアメリカを原爆開発に向かわせた**

この報告書が影響を与えたのはチャーチルというよりはアメリカでした。3からわかりますが、モード委員会は研究・調査の過程でアメリカと交流していたのです。

1941年3月、ドイツの空襲を受けているイギリスをアメリカ国防研究委員会化学・爆発物部門の主任でハーバード大学学長のジェイムズ・コナントと実験物理学者のケネス・ベインブリッジが訪れて原爆開発のことを聞かされます。ベインブリッジはモード委員会にも出席し、原爆研究の成果に感銘を受けます。そして、ルーズヴェルトが設置を命じたウラン委員会で、イギリスに研究者を送って情報を得るべきであると主張します。しかし、2、3年後に成果がでるものではないということで取り合ってはもらえませんでした。[24]

モード委員会報告書がでたあとの同年8月下旬には、今度はオリファントがアメリカを訪れました。彼はレーダー開発もしていたので、こちらの用件でアメリカに来ていたのですが、コナントや科学研究開発局（Office of Scientific Research and Development）長官のヴァネヴァー・ブッシュなどには原爆開発を働きかけました。イギリスが作れない以上、武器貸与法を同年3月に通過させたアメリカに作ってもらわなければナチス・ドイツから身を守れないからです。

その結果、同年10月、ようやく彼らもモード報告書をもとにルーズヴェルトに原爆開発を進言することになります。原爆が実現可能だという同年11月27日にアメリカ科学アカデミー（National Academy of Sciences 科学研究開発局の上位学術組織）を通じて出された報告書を受けて、ルーズヴェルトは、真珠湾攻撃後の12月16日に、非公式の口頭での指示で、副大統領（当時はヘンリー・ウォレス）、陸軍長官、陸軍参謀総長、ジェイムズ・コナント、ヴァネヴァー・ブッシュから成る最高方針決定委員会（The Top Policy Committee）の設置を命じます（のちの１９４２年9月にはこの委員会の下にレスリー・グローヴス少将なども加えた軍事方針決定委員会が置かれることになります）。[25]このやり方はアインシュタインの手紙に書いてあった通りです。そして、この2日あとの12月18日には、科学研究開発局がS‐1開発全体のスケジュールを決定しました。

やはり、ゴーイングの見方が正しいことがわかります。つまり、戦争に入る前は、核分裂の研究ではあっても平和的なものしか研究していなかったアメリカが、状況が切迫するころから、原爆に関心を持ち、開戦後に開発を始めたのですから、戦争がなければアメリカも核分裂の連鎖反応を潜水艦の動力に使うことは考えても、原爆などは考えなかっただろう、ということです。

また、ドイツと戦争状態に入ってから原爆開発を始めたのですから、やはりルーズヴェルトは「抑止論、対抗論」が念頭にあったと考えていいと思います。あくまでも仮定の話ですが、日本とだけ戦争になると分かっていたら、モード委員会報告書にも関心を持たず、原爆開発にもゴーサインを出さなかったかもしれません。日本が作れないことは分かっていたからです。そして、他の戦争努力に回せる莫大な資金と資材とマンパワーをこの使えるかどうか分からない新兵器に割くことにアメリカ国民や将兵の理解を得ることは難しいからです。

これと関連して指摘しておかなければならないのは、原爆開発は、原爆の開発の状況について敵の情報を集めるインテリジェンス工作とこちらの情報を敵にあたえないカウンターインテリジェンス工作とが一体となっていたということです。つまり、対抗・抑止のために原爆を作るのですから、敵が作っているかどうか、どのくらい進んでいるのか知るということは重要だったのです。[26]

特にドイツの原爆関連情報を集める工作は、アズサと名付けられ、戦時情報局の特殊班がこれに当たりました。この秘密部隊はドイツの情報収集は一生懸命するのですが、日本の情報収集はあまりしませんでした。戦争の早い段階で、原爆開発において日本はドイツよりはるかに遅れていることがわかっていたからです。

## 見逃されてきたカナダが原爆開発に果たした大きな役割

さて、これまでイギリスがまず原爆製造が可能であり、そのために何が必要かを明らかにしたこと、その情報の提供を受けたアメリカが原爆開発を開始したことを述べました。しかしながら、イギリスとアメリカの2カ国だけでは1945年8月までに、ウラン型とプルトニウム型原爆を完成させることはできませんでした。

もう1カ国、カナダもまた重要な役割を果たすことになります。これまで日本では原爆開発を論ずる際、カナダの国名が出てくることはありませんでした。実はゴーイングの古典的研究書はカナダに関することにもきちんとスペースを割いているのですが、この著書が出版された当時、イギリスでもカナダでもこれに関する公文書はまだ機密解除になっていませんでした。[27]

また、驚くことに、この研究書は出典を示していませんでした。実際には公文書などに基づいて記述しているものの機密解除前だったので出典が示せなかったのだと思います。1980年ころからこれらの文書は公開され始めるのですが、英米はもちろんカナダでも、カナダの原爆開発に果たした役割に光をあてる研究はでてきていません。このためカナダ人でさえ、一部の関係者と研究者を除いて、自国が原爆開発と深い関係があることを知りません。

ではカナダは何をしたのでしょうか。そしてイギリスが原爆開発を始め、そのあとアメリカが原爆開発を始めたあとで、どんな役割を果たしたのでしょうか。

アインシュタインの手紙にもでてくるように、カナダはウラン鉱石の輸出国でした。コンゴにはもっと質が良く埋蔵量も豊富な鉱山があるのですが、なにせイギリスからもアメリカからも遠く、また宗主国のベルギーがドイツに占領されているということで、混乱状態にあり、なかなか入手が難しかったのです。

また、忘れられがちですが、原爆製造において減速材の重水はとても重要です。ウラン鉱石に加えてこの重水もかなりのシェアをカナダが占めていました。[28]こういった複数の要素が重なって原爆開発におけるカナダの重要性が高くなったのです。

さらに、アメリカの工業地帯といえば五大湖沿岸ですが、この地方は対岸のカナダの工業地帯と結びつきが強いのです。そこにはイギリスの資本の会社も多いのですが、やはり圧倒的に多いのはアメリカの資本の企業です。

## カナダは「小さい男」などではなかった

にもかかわらず自国の原爆開発への関与を知っているカナダ人ですら、このようなたとえをします。イギリスとアメリカという大人がしているポーカー・ゲームをはたで見ている小さな男。[29]つまり、単なる原料輸出やウラン化合物の加工の下請けであってプレーヤーではなかったということです。

しかし、私が収集したカナダやイギリスの公文書は逆のこと、つまり立派なプレーヤーだったことを示しています。その公文書のなかには、例外的に比較的早い時期にカナダの原爆開発について研究し、同じ結論を出していたカナダ人研究者のブライアン・ヴィラの研究発表原稿（カナダ戦争博物館所蔵）も含まれます。なぜ、カナダがそうだといえるのか説明しましょう。

イギリスはチャーチルがチューブ・アロイズ計画を進めるよう決定してから、それに関連することをカナダで進めようとします。一方、アメリカもイギリスの10倍もの予算を投入してマンハッタン計画（S‐1の別称）を進めました。

チャーチルはモード委員会報告書こそアメリカに渡しましたが、原爆のノウハウにかかわることは秘密にして、イギリスが原爆を独占しようと考えていました。[30]アメリカもまた、イギリスからアイディアや原理などについて学んだものの、特にヴァネヴァー・ブッシュなどは、その後アメリカが独自開発を進めて原爆を独占することを目指していました。[31]たしかにプルトニウム型原爆などはイギリス側にはなかったアイディアなので、アメリカのオリジナルといえると思います。[32]

困ったのは両国にウラン鉱石や重水などを輸出し、開発の下請けをしているカナダです。チャーチルはカナダのC・D・ハウ軍需大臣を「大英帝国の資産を川に捨ててしまった」と非難しました。[33]その意味は、イギリスの技術移転でカナダで生産できるようになったウラン化合物をアメリカ側に売っているということです。

イギリスもアメリカもですが、カナダも枢軸国相手に戦争をしています。物資や資材はまず自国の戦争努力の方に振り当て、余剰があれば同盟国に回すというのが原則です。

自国の企業が潤うからといっても、そんなに他国に回すことはできません。ここは取り合いをするのではなく、米英両国で話し合って協力体制を作って、そこでたとえば割り当てを決めてもらうと助かります。

そして、そのようにカナダは動くのです。つまり、アメリカとイギリスに協定を結ばせて原爆を共同開発させるということです。もちろん、カナダもそれにプレーヤーとして加わります。これに反対したのはチャーチルでした。チャーチルはまだイギリスのほうがかなり原爆開発でリードしていて、共同開発にすると損をすると思っていたのです。

これに対してアメリカの方は余裕がありました。カナダ抜きでも原爆は作れます。ただし、問題はそれでは余分に時間がかかってしまうということです。戦争中なのですから、「抑止論、対抗論」からいっても、一刻を争います。

カナダがアメリカ資本に気を使って、ウラン鉱石やウラン化合物をイギリス側に渡さないようになると開発が実質的に止まってしまうということに気付いたチャーチルが結局は折れて、１９４３年8月19日にアメリカとイギリスは協定を結び、原爆を共同開発することにします。これが「ケベック協定」と呼ばれるものです。

**原爆はケベック協定のもとで英米加が共同で作った**

ケベック協定は以下のように決めました。

「1. われわれはこの力（agency）をお互いに対して決して使用しない。
2. われわれはこの力をお互いの同意なくして第三者に対して使用しない。
3. われわれはチューブ・アロイズ（原爆のこと）に関する情報を第三者に対して、お互いの同意なくして公表しない。
4. 戦争努力の分担によってアメリカにかかる非常に重い製造の負担に鑑み、アメリカ大統領がイギリスの首相に認めた条件で戦後の産業的商業的アドヴァンテージをアメリカに与える。
5. ワシントンに次の委員から成る合同方針決定委員会（The Combined Policy Committee）を設置する。
1. 陸軍長官（ヘンリー・スティムソン、アメリカ）
2. ヴァネヴァー・ブッシュ（アメリカ　科学研究開発局長）
3. ジェイムズ・コナント（アメリカ　国防研究委員会議長）

4．ジョン・ディル元帥（イギリス）
5．J・J・ルウェリン大佐（イギリス）
6．C・D・ハウ軍需大臣（カナダ）」[34]

この協定によって、原爆の開発は、アメリカ、イギリス、カナダの3カ国が共同して行うこととなります。日本ではこの協定のことはまったくといっていいほど知られていないのですが、極めて重要です。この協力体制がなければ、1945年8月に日本に原爆を投下することはできなかったでしょう。また、この協定によって設置された合同方針決定委員会（合同政策委員会と訳している人もいますが、こちらの呼び方が適切です）が原爆開発について、それに必要なウラン資源の調査や開発や分配などを決定しているからです。原爆の日本への使用もこの委員会が1945年7月4日に決定しています。

この協定のことを知らなければ、原爆開発について何が話し合われ、何が決められたかを知ることができません。これまでこの協定について知らずに来たということは、原爆開発の体制についてまったく知らずに来たといっても過言ではありません。

この協定は、文面上は、米英2カ国の協定ですが、第5条を注意して読んでください。協定に基づき原爆の共同開発にかかわることをいろいろ決めていく合同方針決定委員会にカナダの軍需大臣ハウが入っているのです。委員の構成を見るとイギリス側がディルとルウェリン、アメリカ側は委員長の陸軍長官（ヘンリー・スティムソン）、ブッシュ、コナントが入っています。ハウではなく、イギリス側の人間を入れると委員の数は釣り合うのですがなぜカナダ代表を一人入れたのでしょうか。

それは、このケベック協定のもう一つの目的のためです。ケベック協定は原爆を共同開発すると同時にウラン資源の独占も目的にあげていました。ドイツなど自分たち以外の国に作らせないようにするためです。

原爆は恐ろしい破壊力をもった兵器なので、自分たちが作ると同時に、敵国（潜在敵国、特にソ連）に作らせないようにすることが重要になります。マンハッタン計画の責任者レスリー・グローヴス少将は、ウランや原爆の原料になりうる鉱物資源の独占のために、これらについて資源調査し、開発し、調達するためのマレーヒル計画（Murray Hill Area Project）も並行して実施していました。[35]そして、アメリカはこれを補完し、強化するため、合同方針決定委員会も利用しようと考えたのです。

カナダは、ウラン資源を持ち、技術移転によって加工の技術も持っています。カナダを協定に引き入れない限り独占体制は完成しません。しかも、カナダは、ラザフォードの例を見てもわかるようにやがてはケンブリッジ大学やオックスフォード大学に移ることになる有望な若手の科学者たちも抱えていて、彼らはイギリス本土では行うことができなかった実験をしていました。特にカナダの研究者たちはシカゴ大学冶金研究所長のアーサー・コンプトンをトップとするシカゴ・グループと一体となって研究を進めていたのです。[36]この結果、重要なパテントも保有していました。これがハウを合同方針決定委員会に入れざるを得なかった理由です。

したがってケベック協定は実質的に3カ国協定だったのです。[37]前述のヴィラもそう論文で述べています。このことは、合同方針決定委員会が設置を決定した合同信託委員会（Combined Development Trust）を見ればもっとはっきりします。[38]この委員会は3カ国で資金を出し合い、共同でウラン資源の調査、調達、分配を行う目的で設けられたものです。そして、戦争に使用することを予定しているアメリカに優先的にウラン資源を回すことに合意しました。[39]

この委員会においては、カナダは他の2カ国と同格になっています。ウラン鉱石を輸出するだけでなく、それを加工してイギリスやアメリカに輸出していたのですから、ウラン資源の消費国でもあったからです。

カナダはアメリカとイギリスのポーカー・ゲームを傍で見ていただけではなく、自分もそこに加わっていたということです。

そうすると「原爆は誰が作ったのか」という問いの「誰が」の部分に、国として、アメリカとイギリスのほかにカナダも加えなければならないことになります。原爆開発は科学者たちの面から見れば国際的プロジェクトだったといいましたが、国の面から見ても、3カ国の協定によって、世界中のウラン資源の独占と分配をも計画した国際プロジェクトだったといえます。

アメリカは、このケベック協定（その下部委員会の合同信託委員会も含む）のもと、戦争に使用するということでウラン資源を優先的に回してもらわなければ、1945年の夏までに原爆を複数製造することはできませんでした。「原爆はアメリカが作った」という見方がいかに不十分なものか、ここまでの説明でわかっていただけたと思います。

# Ⅱ　原爆は誰がなぜ使用したのか

## アメリカだけで原爆の使用を決定したのではない

これまで見てきたように、原爆はアメリカが単独かつ独力で製造したのではありません。重要なアイディアはイギリスのものでしたし、ウラン鉱石や重水や資材などはかなりの部分カナダに依存していました。ウラン資源の開発と分配もケベック協定3カ国で決めて行いました。費用こそほとんどアメリカが負担したものの、原爆はアメリカ、イギリス、カナダが共同で開発したものなのです。

おそらくアメリカは、イギリスとカナダ抜きでも原爆を作れたでしょう。しかし、そうしていれば原爆は1945年8月の時点で完成していなかったと思います。また、使ったあと自分たちに対して使えなくする体制、つまり国際管理やウラン資源の独占もアメリカ一国で構築することなど考えられませんでした。

とすると、これまで日本で考えられてきたように、アメリカだけで、あるいはアメリカ大統領だけで原爆の使用を決められないことになります。ケベック協定の第2条には「われわれはこの力をお互いの同意なくして第三者に対して使用しない」とあります。

事実、1945年7月4日の合同方針決定委員会で日本に対する原爆の使用が議題として取り上げられ、イギリスの合意とカナダの了承が得られています。アメリカ側の暫定委員会（The Interim Committee）による最終決定は、1945年5月31日になされていますから、これはそれを受けた協定3カ国による正式決定だということになります。

この暫定委員会については、あとで詳しく触れることになりますが、ヘンリー・スティムソン陸軍長官のもとに作られた極秘の委員会のことです。政治家、軍人のみならず、科学者や経済人もメンバーにいたこの委員会は、原爆の取り扱いに関する実質的な決定機関で1945年5月9日に第1回目の会合が開かれています。なぜ「暫定」かといえば、本来、こうした重要なことは議会で話し合うべきだという建前と関係しています。つまり、議会にも秘密で作られた委員会のため、あとになって問題になった際に「あくまでも暫定的なものでした」と言い訳ができるように配慮したのです。

この間の経緯で特に注目していただきたいのは、日本に原爆を使用しようと最初にいいだしたのはチャーチルだったということです。１９４４年9月18日のハイドパーク会談で提案するのですが、相手のルーズヴェルトは、チャーチルのいう通りにするか、それともアメリカ国内での実験のみにとどめるのか、この当時はまだ決めかねていたのです。これについては、あとでまた詳しく述べます。

## 重要なのはどのように使用するかだった

さらに、原爆を使用する場合、どのように使用するのか決める必要がありました。実は、原爆の使用に関してはこの点がもっとも重要だったのです。イギリスもこの使用法に関して注文を出していました。にもかかわらず、日本では、特にマスコミでは、こちらの決定のことはまったく無視されてきました。詳しく説明しましょう。

「原爆を日本に使用すると決定した」イコール実際に広島や長崎に投下されたように、「女性も子供も沢山いる人口が密集した都市に無警告で使うことを決定した」のだと捉えられがちです。

事実は、そうではありませんでした。日本に使用するといっても、大きく分けて三つの選択肢が存在しました。
（1）原爆を無人島、あるいは日本本土以外の島に落として威力をデモンストレーションする。
（2）原爆を軍事目標（軍港とか基地とか）に落として、大量破壊する。
（3）原爆を人口が密集した大都市に投下して市民を無差別に大量殺戮する。
また、使用するにしても、二つの方法がありました。
（A）事前警告してから使用する。
（B）事前警告なしで使用する。
（1）の使い方ならば、絶大な威力を持ってはいるが、ただの爆弾だということになります。実際、ビキニ環礁などで実験した水爆がそうです。
（2）ならば大量破壊兵器になります。
（3）ならば大量殺戮兵器になります。しかも、戦争に勝つことより大量に殺戮することを優先しているので当時の国際法にも違反していますし、人道に対する大罪です。
ただし、（3）と（A）の組み合わせならば、警告がきちんと受け止められて退避行動がとれるなら死傷者の数をかなり少なくできる可能性があり、大量破壊兵器として使ったとはいえても大量殺戮兵器として使ったとはいえなくなるかもしれません。国際法もぎりぎりクリアしていたといえるでしょう。

（3）と（B）の組み合わせならば、まごうかたなく無差別大量殺戮であり、しかも無差別大量殺戮の意図がより明確なので、それだけ罪が重くなるといえます。

この違いを科学者たちも暫定委員会のメンバーも、なによりトルーマンも彼とタッグを組んでいた国務長官ジェイムズ・バーンズも非常によく理解していました。事実、これが大変な問題になりました。一例をあげると、海軍次官のラルフ・A・バードは、あとになって自分は事前警告なしの使用には同意しないと文書で伝えました。これは彼のような地位の人間としてはよほどのことです。ただ原爆を使用することを決定するだけでなく、これらの選択肢のどれを採るかが極めて重要であることを大統領も政府高官たち、軍人たちも認識していたことを示しています。

特に軍人は、（3）と（B）の組み合わせをできるだけ回避しようとしました。戦争といえども一線を越えていることは明らかなので、たとえ戦争に勝ったとしても、他の国の軍人たちから後ろ指を指されることになります。こんな不名誉なことをしなくとも彼らは圧倒的に優位に立っていて、日本の敗戦は時間の問題だったのです。自らの軍事的栄光を不名誉な行為で汚したくはないというのは当然でしょう。

このような歴史的事実があったにもかかわらず、日本ではこれまで「日本に原爆を使用することを決定した」イコール広島、長崎の場合のように、「事前警告なしに人口が密集した都市に原爆を投下して無差別大量殺戮する決定をした」とされてきました。つまり、どのような過程や議論があって、どのように選択肢を検討したあとで、無警告で原爆を広島と長崎の中心部に投下することになったのかについては、まったく注目されてこなかったのです。

チャーチルが最初に日本に対して使用することを示唆したのだということさえ知られていないのですから当然かもしれません。ちなみに、チャーチルは使用の仕方としては（2）（A）を考えていたようです。

なお、ネット上でアメリカ軍が原爆投下前に警告ビラを撒いたという主張をしている人がいるのですが、これは誤りです。長崎原爆資料館も指摘しているように、ビラの文面にも広島の原爆投下への言及があり、明らかに8月9日以降、日本国民に降伏を呼びかけるために撒かれた宣伝ビラです。[40]あとで詳しく見るアメリカ側の原爆使用の議論からしても、このようなことはありえません。

## 原爆の使用よりも国際管理、情報公開、資源独占が議論されていた

われわれ日本人は、原爆については、使用にしか注意を向けません。つまり、使用するのか、しないのか、どう使用するのかということです。そうするとアメリカ、イギリス、カナダの公文書館にある膨大な原爆関連文書を読んで首をかしげることになります。そこにある文書のほとんどは、どのように、そして、どこまで、原爆について、世界、とりわけソ連に、情報を公表するのかという外交的な面、どのように国際管理体制を作っていくかという安全保障上の面、どのようにウラン資源を確保し、独占していくかという資源開発と独占の面についてのものだからです。

原爆の使用そのものについては、驚くほどわずかな議論しかしていませんし、記録も少ししかないのです。実際、使用よりも、それに関連した問題の議論に時間と労力を費やしています。

私もしばらくは「なぜ、こうなのか」と不思議に思っていましたが、やがて少しずつ理解できるようになりました。つまり、当時は戦争中で、ただでさえ人々は動揺しやすいのですから、一都市を壊滅させるほどの威力をもった兵器が出現し、それをアメリカ

だけが保持し、使用したということになれば、世界世論、とりわけソ連がそれをどう受け止めるかを考えなくてはなりません。原爆保有によって絶対的優位に立てば、アメリカは友好国に対しても横暴に振る舞うようになり、ナチス・ドイツのような国にならないとも限りません。

デンマークの科学者ニールス・ボーアなどはこの点を憂慮していました。ボーアは1939年、原子核分裂の予想をした物理学者で、原子爆弾の重要な理論的根拠になりました。それだけに彼はその脅威も理解しており、国際的な協定の重要性を早くから説いていました。こうした動きは、政治家たちも無視はできないのです。

それに、これほどの威力をもった兵器なので、自分たちが日本に対して使用したとしても、その後、他の国がアメリカやイギリスやカナダに使用することは避けねばなりません。日本人、特に広島と長崎の被害者の方々からするととんでもないことですが、事実として、彼らは日本人には原爆を使っても、自分たちに使われることはとても恐れていたのです。

これは決して杞憂ではありません。原爆開発に関わる科学者たちは、Iで見たように、世界中のさまざまな国から来ていました。科学技術というものは、独占できるものではなく、製造のノウハウがケベック協定を結んだアメリカ、イギリス、カナダ以外の国に伝わることは時間の問題です。したがって、国際管理体制を用意しておかないと、いずれ自分たちが原爆の被害国になります。そして、実効的国際管理体制を作るためには、ソ連を入れることは不可欠です。

これと併せて、自分たちが原子力エネルギー開発や原爆を製造するためにウラン資源を開発すると同時に、他国の手に渡らないようにしなければならないという問題もありました。前述の通り、有力な資源国はカナダでしたが、もっと有望な鉱山があるのはベルギー領コンゴでした。ですが、ベルギー本国がナチスに占領されていることもあり、独占体制がうまくできません。これはケベック協定3カ国にとってはリスク要因です。そのため、この問題は合同方針決定委員会や合同信託委員会で繰り返し議題とされています。

このように、日本に原爆を使用するという決定を下すとしても、使用したあとに起こることを考えて、事前にさまざまな手を打つ必要がありました。

原爆という兵器が日本にのみ使用され、その後は誰も使わないものになるのならば、そんな必要はないでしょう。しかし、過去の歴史を見てもそんなことは考えられません。

そうであるならば、どう自分たちにとって都合のよい状況を使用後につくるのかまで考えなくてはならないのです。

つまり、具体的には原爆の所有と使用によってソ連や世界世論を敵に回さないこと、日本に使用したのち自分たちに対して使用されないようにすることです。ケベック協定により設置された合同方針決定委員会のメンバーであるアメリカの陸軍長官スティムソンを悩ませたのも、原爆の使用のことだけでなく、科学者たちとイギリスがせきたてる情報公開と、国際管理の面でした。

そこで、以下では1944年以降このような原爆の使用にからむ議論がどのようになされたのかを見ていきたいと思います。

## ハイドパーク覚書の真相

日本への原爆の使用が米英両首脳の間で話し合われるのは1944年9月18日のハイドパーク会談が初めてですが、このとき次のようなメモが取られました。

「1．商業的・軍事的チューブ・アロイズの管理と使用に関する国際的同意のために、原爆について世界に知らせるという提言は受け入れられない。この問題は最高機密とされ続けなければならない。だが、原爆が最終的に利用可能になったときは熟慮のち日本に使用することもあり得る。日本には降伏するまで爆撃が続くと警告しなければならない。

2．アメリカ合衆国とイギリス政府の間の協力は日本の敗北のあとも、双方の同意によって終わるまで続けなければならない。

3．ボーア教授の行動に関して調査がなされなければならない。そして、彼が特にソ連への機密漏洩に責任がないことを確かめる手段が採られなければならない」[41]

この内容を日本では「ハイドパーク協定」と呼んでいるようですが、英米では初めから「ハイドパーク覚書」とされています。なぜなら、これはチャーチルが一方的にいったことの覚書であって、ルーズヴェルトとの合意内容ではないからです。それにこの内容はアメリカとイギリスのどちらの議会でも承認されていません。したがって、協定でも密約ですらなく、チャーチルの発言の覚書でしかないのです。

ただし、この方面の研究の第一人者ゴーイングは、「協定」と「覚書」の両方を用いています。そして、協定の要素が強いと見ているようですが、それは彼女が著書を執筆していた当時、ハイドパーク覚書に関する資料がイギリスでもアメリカでもまだ公開されておらず、判断材料に乏しかったからです。[42]

また日本ではこの「ハイドパーク協定」で日本への原爆の使用を決定したと考える人がいますが、この段階では「熟慮ののち日本に使用することもあり得る」といっているだけです。また、くどいですが、使用、すなわち使い方未定の使用であって、大量殺戮兵器としての使用ではありません。

それに、この表現は、相手のルーズヴェルトが、チャーチルにはっきり同意を与えていないことを示しています。スティムソンはハイドパークで両首脳がそのような話し合いをしたことすら知らされませんでした（このことはあとで大きな問題になります）。日本では言及すらされませんが、この会談のコンテキストもとても重要です。ボーアの訴える国際管理にどう応えるかというのが、この会議の課題だったのです。

ボーアら科学者たちは、原爆の完成が視野に入ってきたとき、ドイツの敗戦が必至の情勢になっていることに心を悩ませていました。ドイツの脅威がなくなったあとで原爆が完成すると、当初科学者たちが考えていた「対抗・抑止」の兵器ではなく「攻撃用の大量破壊兵器ないし大量殺戮兵器」になってしまいます。これは彼らがもっとも恐れていたことです。

本来ならルーズヴェルトに原爆の開発をやめるよう要請すればいいのですが、アメリカはすでに巨額の予算を使っています。ボーアもそれは知っているので大統領に開発をやめて、原爆を完成させないでくれとはいえません。それに、もう最終段階に進んできているので、アメリカが製造をやめたところで、ノウハウがすでに蓄積されていて、完成させなくとも、その気になればいつでも作れます。

そこで、ボーアは原爆およびその製造のノウハウを国際管理にし、そこにソ連を加えるべきだと主張します。国際管理にすれば一国の意思だけで簡単に使えなくなるからです。

ボーアはこれを１９４４年の春から夏にかけて、ルーズヴェルトとチャーチルに直訴します。ルーズヴェルトは肯定的に受け止めて「このことをチャーチルと話し合わなければ」といったとされています。ところがチャーチルのほうは、ボーアのいうことにまったく耳を貸しませんでした。[43]３が示すのは、チャーチルは、ボーアとソ連が通じているのではないかという疑念を持っているということです。

しかし、原爆開発を始めた当初とは状況がすっかり変わっていてドイツの敗北が目前で、原爆が完成しつつある状況なので、両首脳はボーアの提起した問題を考えてみなくてはなりません。これがハイドパーク会談のコンテキストなのです。ボーアの国際管理へ向けての働きかけについてはⅢでさらに詳しく述べます。

さて、このコンテキストを踏まえると、このハイドパーク覚書の内容はすべてボーアの提言に対する回答になっていることがわかります。

つまり、（1）ドイツに対する「対抗・抑止」のための原爆という前提だったが、その前提が崩れても、原子力・原爆開発は続ける。そして、日本の敗北のあともイギリスはアメリカとともに共同開発を続ける。

（2）ドイツではなく日本に使う。いいかえれば、「対抗・抑止的使用」ではなく「攻撃的使用」に切り替える。

（3）ソ連を含んだ国際管理には反対する。また、情報提供もしない。

これらの提案に対してルーズヴェルトがどう答えたか記録からはわかりません。ですが（3）に関しては、チャーチルの主張を受け入れたことは明らかです。なぜなら前年に結んだケベック協定第3条に「われわれはチューブ・アロイズに関する情報を第三者に対して、お互いの合意なくして公表しない」とあるからです。チャーチルが同意しないのに、ソ連への情報提供はそもそも不可能です。

**なぜチャーチルは日本に原爆を使用することを望んだのか**

米英首脳はこの会談の前にある重要な情報を得ていました。戦略情報局の原爆インテリジェンス特殊班のH・K・カルバート少佐がこの2週間ほど前の1944年9月4日から10日までパリからジョリオ・キュリーをロンドンに連れてきたうえでドイツの原爆開発の内情について尋ね、もはや原爆を製造することはないだろうという情報を得ています。[44]連合国軍の爆撃によってドイツの工業力がほぼ壊滅状態にあったことと考え併せると、この情報は信じるに足るものでした。つまり、「抑止論」も「対抗論」も根拠を失っていたのです。

それなのになぜチャーチルは原爆を使用すべきだ、それも「持たざる」日本に対してそうすべきだといっているのでしょうか。イギリスの研究者もはっきりいってしまうと差し障りがあると思っているのか、従来、これについては言及しようとしませんでした。

ですが、ゴーイングもグレアム・ファメロ（『チャーチルの原爆』の著者）も、チャーチルにとってハイドパーク会談の目的は、ケベック協定体制を戦後も続けることをルーズヴェルトに約束させることにあったといっていますので、私がチャーチルは以下のように思っていたといっても、彼らにはそれほど異論はないと思います。[45]

ドイツに使う必要がなくなっていることは明らかだが、日本にも使用しないことになったら、アメリカは原爆の製造を中断、ないしはスピードダウンするかもしれない。アメリカはこの未完の新兵器に途方もない資源と資金を割いて無理しているからだ。日本に使うことに合意させれば、中断もスピードダウンも防げる。

さらに、原爆開発がこのままでいけば、国際管理の問題が解決しないうちに、ケベック協定体制のもとで原爆が実戦で使われる可能性は大である。また、ソ連の勢力拡大を抑える意味でも、使用は望ましい。

国際管理の問題が未解決なまま、原爆を日本に使用すれば、科学者たちもいっているように、ソ連は威嚇と受け止めるだろう。とすると国際管理のことを持ちだしても、身の危険を感じ、猜疑心の虜《とりこ》となっているソ連は、原爆の即時共有を持ちかけない限り話し合いに応じてくる可能性は低い。だが、19億ドルもの巨費を投じて完成させたばかりのアメリカがすぐにそこまで踏み切れるはずもなく、交渉しても決裂するだろう。

かくして、アメリカをして日本に対して原爆を使用させしめれば、ケベック協定のもとで米英の協力体制が戦争のあとも続き、ソ連はそこから排除されるというイギリスが狙っている方向へ向かう。[46]

ハイドパーク覚書自体からもそのようなチャーチルの姿勢がうかがえます。つまり、日本に使うべしとした一方で、ケベック協定の第3条をもとにソ連に対する情報提供に拒否権を発動するということです。ハイドパーク覚書には「世界に知らせる」とありますが、チャーチルの念頭にあるのはソ連です。覚書の3にもあるように、ソ連へ情報提供するようにというボーアの提言が念頭にあるのです。彼は国際管理のことを話し合う前段階として、ソ連にある程度まで情報提供すべきだと考えていました。[47]

その提言の通り、米英加がソ連に情報提供を行い、原爆の共同管理に加え、その国際的威信を高めたのでは、ヨーロッパ諸国がソ連になびいてしまいます。チャーチルは、原爆をソ連の拡張を抑える道具としても使いたいのです。

こういったコンテキストからすると、ケベック協定のもと、自国では原爆開発を行わず、アメリカの原爆開発に全面的に協力することで、戦後にその成果を共有することを目論んでいたチャーチルは「原爆開発を中断しないでくれ」、あるいは、「スピードダウンさせないでくれ」という代わりに「原爆を日本に対して使ってはどうか」といったと考えられるのです。ほかに、これといった説明は見当たりません。

これは日本人、特に広島や長崎の被爆者からすると、とんでもないことではないでしょうか。要するに、当時の軍事的・政治的必要性とはあまり関係なく、戦後アメリカとともに原爆・原子力ビジネスを展開したいという思惑から、チャーチルは日本への原爆使用を提案したことになるからです。要は損得勘定、営利目的だったということになります。

余談ですが、戦後、このイギリスから日本が、原爆開発の成果の一つである原子力発電所を輸入したことは歴史の皮肉といえます。日本の原子力発電はここから始まったのです。[48]

さて、イギリスは、合同方針決定委員会の決定にしたがって1944年4月12日以降、カナダのオタワ川河畔に原子炉を建設し始めました。この原子炉にアメリカは10トンものウラン金属棒を提供します。[49]そして、この原子炉は完成後プルトニウムを生産していたことがわかっています。[50]

実戦に使うアメリカに優先的に回すという1945年7月4日の合同方針決定委員会

の取り決めにしたがってこれはアメリカに引き渡されたと考えられます。[51]イギリスは、戦後も原爆および原子力エネルギーの開発をアメリカやカナダとともに続ける体制を整えていたのです。[52]

こういったことは、原爆開発とは、単独のプロジェクトではなく、原子力エネルギー開発の一部だったことを思い出すと理解できます。特にハイドパーク覚書の文脈では、チューブ・アロイズは原爆と原子力エネルギーの両方を指していることに注目すべきです。

## ルーズヴェルトは原爆を実戦で使うことを考えていなかった

では、アメリカ側の考えはどうだったのでしょうか。1944年9月22日つまりハイドパーク会談の4日後にルーズヴェルトと会ったブッシュ（最高方針決定委員会メンバー）はこう書いています。

「大統領は実際にこの手段（原爆）を日本に使うのか、それとも、この国で実験をして脅威として使うのかという問題をとりあげた」[53]

チャーチルは日本に対して使用することに前向きなのに対して、ルーズヴェルトはそれほどでもなかったことがわかります。この記述は、彼がアメリカ国内で実験して、その威力をなんらかの方法で日本に示して早期降伏を促すことも選択肢に入れていたことを示しています。ということは、やはりハイドパークでチャーチルに対して日本に原爆を使うかどうかについて、はっきり使うと言質を与えていないということになります。

ブッシュはルーズヴェルトの問いに対して、今のところはまだ考えなくてもいいでしょうと答えています。さらに、9月30日には、ブッシュとコナントがスティムソンに次のように勧めています。

「原爆の最初の使用は、敵国の領土か、さもなければわが国でするのがいい。そして、降伏しなければ、これが日本本土に使われることになると日本に警告するといい」[54]

ここからも、日本に実戦で使用するのか、それともアメリカ国内で実験してそれをデモンストレーションとするのか、まだ決めていないことがわかります。

しかも注目すべきは「領土」と「本土」が使い分けられている点です。まず、本土四島以外の日本の領土内の小さな島などに警告として使用し、その威力を知った後もなお日本が降伏しなければ、本土に使用するといった段階的使用を念頭に置いていたと考えられます。つまり、ルーズヴェルトも、ブッシュ、コナントも、アメリカ国内、あるいは日本の領土内の小島で実験してその威力を日本に見せて、早期降伏を促すことをまだ選択肢に入れていたのです。そして、ブッシュとコナントが原爆使用に際しては、日本側に原爆というものがどういうものかわかるように事前警告すべきだといっていたことを記憶にとどめておいてください。あとで重要な意味を持ってきます。

さて、ブッシュとコナントはこのあとスティムソンに対して原爆の戦後の情報公開と国際管理の問題を話し合う委員会を設置するよう求めます。のちに暫定委員会となるものです。

これを踏まえてスティムソンは、1945年3月15日にルーズヴェルトに次のように勧告した、と日記に書いています。

「私はこのプロジェクトが成功した場合、それに対して戦後にとるべき管理に関して大統領と二つの考え方を検討した。一つは現在管理している人間だけで秘密にしておくこと、もう一つは科学とアクセスの自由に基づく国際管理だ。私は彼（大統領）に最初の原爆が使用されるまえにこういったことが解決されていなければなりません、そしてそれがなされたならば、すぐにそれに関する声明を出さなければなりません、と伝えた」[55]

スティムソンは合同方針決定委員会の委員長でもありますから、ブッシュやコナントのほかに、イギリス側の要請もあってルーズヴェルトにこの問題について考えるようにいったのですが、この日記のなかの「使用」という言葉が、実戦での日本への使用なのか、アメリカ国内での実験なのかわかりません。この文脈ではとにかく「使う」、つまり爆発させるという意味でいっているととれます。前に見たように、スティムソンに勧告したブッシュもコナントも、国内での実験にとどめるか、実戦で使用するか、どちらにも決めていませんのでスティムソンも同じだったはずです。

このスティムソンの勧告に対する大統領の回答は記録にありません。ヤルタ会談などで親ソ的態度をとっているので、国際管理についてはソ連に好意的な意見を持っていたとも考えられるのですが、彼の助言者たちと同じく、まだどっちにも決めていなかったのではないかと思われます。

**スティムソンは巨費を投じたからには原爆を使用すべしと考えていた**

この日記の翌月、4月12日にルーズヴェルトは息を引き取ってしまいます。そして、スティムソンは何も知らないハリー・S・トルーマン新大統領に原爆のことを引き継がなければならなくなります。彼の役割が重要になってきました。

では、スティムソンは、このころどのような考えをもっていたのでしょうか。このことは、トルーマン新大統領にとって、原爆に関してはどこまでがルーズヴェルト政権からの既定路線で決まっていて、どこまでが彼の裁量に委ねられていたのか知るうえで重要です。

戦後、スティムソンは『ハーパーズ・マガジン』1947年2月号に「原爆使用の決定」(The Decision to Use the Atomic Bomb) と題する論文を発表しますが、そのなかで原爆を使用するに至った経緯について次のように述べています。

「1941年から1945年の間に、私は大統領および責任ある政府のメンバーから原子エネルギーを戦争で使ってはいけないと示唆するのを聞いたことがない。もちろん私たち全員は、この壊滅的兵器にドアを開こうとする恐ろしい責任を承知していた。ルーズヴェルト大統領は、特に私に何度も、自分はこの仕事が破滅的な結果をもたらしうるものだということを知っている、と話した。

しかし私たちは戦争中であり、この仕事はなされなければならなかった。したがって、まず原爆を作り、それを使用することが戦争中の私たち共通の目標だったことを強調したい。

原爆は新しい、そしてきわめて大きな破壊力を持つものと考えられるが、現代の戦争で使われる他の非常に破壊力のある兵器と同じく合法的である。目的は軍事的兵器を作るということであって、ほかの理由ではこれほど多くの時間と資金を費やしたことを正当化できない。この兵器がどのような状況で使われるか1945年の半ばまで私たちの誰にもわからなかった。そして、その時が来たとき、現在私たちが見ているように、原子エネルギーの軍事的使用はより大きな国際政治の問題と結びついていたのである」[56]

ここでスティムソンは弁護士のようなトリッキーないい方をしています（彼はもとはニューヨークの名門弁護士事務所に所属していた弁護士です）。普通に読むと、ルーズヴェルトも閣僚も、最初から最後まで、原爆を実戦で、大量破壊兵器として使う認識でいたということになります。

スティムソンは「使ってはいけないと示唆するのを聞いたことがない」と書いているのですが、なるほどルーズヴェルトは「使ってはいけない」とはいわなかったかもしれませんが、だからといって日本（本土と領土内の小島を含む）に対して、実戦で使うつもりがあったか、その意思が明確だったかというと、前述のようにそうでもなかったのは明らかです。

そもそもこの論文は、戦後、原爆投下後にさまざまな批判があがったため、それに対してトルーマン政権（および自分）を正当化するために書いたものですから、少し割り引いて理解する必要があります。それでも、この発言は、スティムソンが終始原爆の実戦での使用に前向きだったことを示しています。これは、なぜなのでしょうか。

### 開発費19億ドルの重圧

アメリカ第二公文書館に所蔵されているジェイムズ・バーンズの大統領宛の勧告書はこれに対する一つの答えを与えてくれます。当時、戦時動員局長だった彼は、1945年3月3日付の勧告書のなかでマンハッタン計画につぎ込んだ経費が20億ドル（実際には19億5000万ドル、翌年の同時期には22億ドルに達すると見込まれていた）に達しようとしているのに未だ完成していないことに強い懸念を表明しています。[57]

そして、自分が議会関係者に対して、このことを調査しないよう根回ししているが、原爆の製造が失敗に終わったとき言い訳ができるように、少人数の科学者たちによる査察を受けておくか、計画の規模を縮小しておいたほうがいいと勧告しています。というのも、これだけの巨額の資金を議会の承認を得ることなく使っておいて失敗に終わったとなれば、他の戦争努力のほうに回していれば、アメリカ軍はもっと有利に戦えたし、失われずに済んだ命も多かったはずだという非難を受け、政権が倒れる可能性もあったからです。この勧告書は、すぐにスティムソンに回されています。

記憶にとどめておいてもらいたいのは、このあとバーンズがスティムソンの推挙で大統領の代理人として暫定委員会の委員となり、そのあとの7月3日に国務長官となりポツダム会談などに臨むことです。

19億5000万ドルといわれてもピンと来ないし、現在の貨幣価値に換算しても状況がまったく違うので、化学者のバートランド・ゴールドシュミットがあげたわかりやすい比較を紹介しましょう。[58]

彼は、この原爆開発がこのころのアメリカの自動車産業全体と同じ規模で、かつ20年後にロケットを月に到達させるプロジェクトと同じ規模だといっています。いいかえれば、戦争中にもかかわらず、アメリカは自動車産業とおなじ規模の原爆産業を作った、それは20年のちの宇宙産業と同じ規模だったという事です。

大統領令で1941年に原爆開発がスタートしましたが、平時では予算の充当は議会の承認が必要です。しかし、スティムソンは、戦争中だということで、議会によるチェックを一切拒否していたのです。

スティムソンは、原爆投下後にだした声明で、議会と資金の充当について次のように説明しています。

「議会は、資金の充当について、なされた充当は国家の安全保障にとって絶対必要なものであるという陸軍長官と陸軍参謀総長の言葉を受け入れた。陸軍省は議会が寄せたこの信頼は間違っていなかったことに同意すると信じている。１９４５年6月30日の段階で19億５０００万ドルに達していたこのプロジェクトへの充当資金の支出について議会が詳細にチェックすることがこれまでできなかったので、重要な科学的面については、支出はこの開発計画の大きさに見合ったものだという保証を得るため、ときおり信頼のできる科学者と産業界の指導者の査察を受けてきた。

この国の新聞とラジオは、ほかの例と同じように、このことに関するいかなることも公表を控えるという検閲局の要求に不平一ついわずに従った」[59]

興味部深いことに、上院議員時代のトルーマンがトルーマン委員会の委員長として原爆開発について調べようとした際、スティムソンは軍事機密だとして拒否していました。

大統領になってからようやく情報開示をうけ、「こういうことだったのか」とトルーマンはいっています。[60]

このように、スティムソンはノーチェックで、この完成するかどうかもわからない新兵器に、戦争のさなかに、予算も資材もほとんど無制限に、しかも他の軍事プロジェクトに優先させて回していました。普通ならば、いかに戦時でもマスコミに知れると大スキャンダルになりますが、これもまた引用の最後で触れられているように、検閲によって報道を封じていたのです。

## 巨大プロジェクトは自己目的化する

さて、これだけのことをしておいて、使うべき相手のドイツがもう崩壊寸前なので、原爆製造を止めますと開発最高責任者としていえるでしょうか。開発をやめれば、あまり時を置かずこの未完の新兵器にどれだけのお金と物資を使ったのかを議会や国民やアメリカの将兵に明らかにしなければならなくなります。[61]税金を使ったのですから当然です。

彼らはその巨額さに驚倒するでしょう。そして、途中で中止するのだったら、他の軍事的なことにお金と物資を回していればよかったのに、それで助かっていた将兵もいただろうに、というでしょう。

完成させながら、使うのをやめた場合はもっと大変なことになります。使うために開発を始めたのではないのか、使えば戦争が早く終わり、多くの将兵の命が救われたはずだ、といわれるでしょう。アメリカ軍のトップとしてはアメリカ軍の将兵の命のことをいわれると何もいえなくなります。

原爆投下後の声明でも述べているように、原爆開発を始めた以上、完成させる、完成させたら使用するというのがスティムソンの役回りだったのです。原爆開発のトップとして、議会と納税者とアメリカの将兵に対する義務を果たそうと考えていたとしても、アメリカ側の話として聞くなら、少しもおかしくありません。

ということは、ドイツが敗色濃厚でも、完成させる、そして完成させたら使うというのはスティムソンにとっては既定路線だったのです。ただし、スティムソンも最初からではなく、プロジェクトとその支出の全容がわかるにつれて、日本への実戦使用へと傾斜を深めていったのだと思います。

この圧力は、お金も物資も使っていなかったイギリスとはかなり違っていたのです。

もしもスティムソンの説明を聞いたならルーズヴェルトも実験ではなく、実戦に使うという結論を出していたと思います。彼はマンハッタン計画を承認し、その実行をスティムソンに任せたのですから、特に理由がない限りはこの勧告にしたがったはずです。そして、特に反対する理由はありませんでした。

このように、アメリカの原爆の使用は、議会、納税者、アメリカの将兵に対する責任から論じることが可能です。

日本を追い詰めていたダグラス・マッカーサーは、原爆の使用は必要なかった、これがなくとも日本はまもなく降伏していた、といっています。そして、必要がないのになぜ原爆を使ったかについては、そうしなければスティムソンが議会に対し巨額の出費に関して説明できなかったからだ、と述べています。[62]

実際、英米の研究者もこの巨額の出費と議会に対する説明責任を原爆使用の理由としてよくあげます。本書でも何度も引用しているヒューレットとアンダーソンやゴーイングがそうです。[63]ただし、主たる理由ではなく、副次的なものとして言及されます。私は、スティムソンや大統領の立場に立つなら、まずこちらが主であって、軍事的、政治的理由は副次的なものだったろうと思います。

このように、原爆開発のような巨大プロジェクトはいったん立ち上げられると、それ自体が自己目的化してしまいます。つまり、何のために作るのか、どのような状況で使うのかより、完成させること、状況とは関係なく、実戦で使うことが目的になってしまうのです。

## トルーマンは何を決めることができたか

ただし、Ⅱの冒頭でもお断りしましたように、仮に使うにしても、その使い方は未定であって、62頁で示した三つの選択肢のいずれかは限定していません。すなわち（1）無人島、あるいは日本本土以外の島（主にデモンストレーション）、（2）日本の軍事目標（軍港とか基地とか）に落とす（大量破壊）、（3）日本の人口が密集した大都市に投下する（大量殺戮）の三つです。

議会、納税者、アメリカの将兵を納得させる自信があるのなら、科学者たちがもっとも喜ぶ（1）の無人島か日本領土内の小島に投下、あるいはルーズヴェルトが考えていた国内での実験でもよかったのです。

しかし、この当時のアメリカの状況に則して考えてみれば（1）および国内での実験ではとうてい議会、納税者、アメリカ将兵の理解が得られませんから（2）か（3）しかなかったといえます。

したがって、スティムソンから引き継ぎを受けたトルーマン新大統領がすべき決定とは、原爆を日本に使用すべきかどうかではなく、（2）か（3）、そしてそれを（A）警告ありと（B）警告なしのどちらと組み合わせるかだった、といえます。

4月25日にトルーマン新大統領に原爆のことを引き継ぐにあたって、スティムソンはグローヴスに作成させたメモを前もって渡して説明を行っていますが、そのメモの中で製造の目的は、戦争終結を早め、アメリカ将兵の損失を少なくすることだと明記しています。[64]この表現はトルーマン自身もいろいろな機会に原爆の使用についての説明で使っていますので、彼もそのように受け止めていたといえます。

これはトルーマンも選択肢として（2）か（3）を考えていたことを示しています。日本側の継戦意思の堅さから考えても（1）では戦争終結が早まることも、アメリカ将兵の損失を少なくすることもできません。

では、トルーマン政権になってから（2）と（3）のどれをとるか、それを（A）と（B）のどれと組み合わせるかをめぐってどのような議論があったのでしょうか。

### アメリカ側はハイドパーク覚書を紛失していた

実は、スティムソンがトルーマンに原爆のことを引き継ぐにあたって、ある不祥事が起きていました。「ハイドパーク協定書」（前述の通り、実際には覚書なのですが、この当時は内容がわからないので、当事者たちも「協定書」だと思っていました）が見つからないのです。それが発覚したのは、スティムソンが4月30日にイギリス公使ロジャー・マーキンズに、ケベック協定のほかに新大統領に引き継ぐべきことはあるかと訊ねたときでした。マーキンズは前年の9月18日にチャーチルとルーズヴェルトが会談し、その時の記録もあるといいました。[65]

このマーキンズの回答を聞いた時、スティムソンは顔を赤くしたに違いありません。彼は、そんなことはルーズヴェルトからまったく聞いていなかったのです。会談したということすら知らなかったのですから、そこで何を話し、何を約束したかわかるはずがありません。

にもかかわらず、彼はアメリカの原爆開発の最高責任者でした。陸軍長官であり、原爆についていろいろ取り決める最高方針決定委員会のトップであり、ケベック協定に基づいて設置された合同方針決定委員会の委員長でもありました。原爆開発に関すること で彼が知らないことがあってはならないのです。一方で、イギリス側も彼がこの会談の記録を渡されていないと聞いて驚きました。

スティムソンはさっそく、思い当たるところは全部調べるよう部下に命じます。でも、でてきません。そこで、マーキンズにその会議の記録をイギリスから取り寄せて、彼に届けてもらいたいと頼みます。

イギリス側はこの会議の覚書を写真で撮って保存していたので（コピー機が登場するまでは、このような方法が採られていました）、それを焼き直してコピーを送ることはできます。イギリス側は、それにはチャーチルの許可がいるが、彼は多忙ですぐには難しいと答えました。

これはかなり深刻な事態です。ルーズヴェルトはある意味で独裁者でした。一握りのインサイダーたちで何でも決め、議会を含め、アウトサイダーにはまったく関与させず、情報も与えませんでした。原爆開発がまさにその一例だったのです。

ところが、その独裁者はいなくなってしまいました。大統領に昇格したトルーマンは、副大統領になったのさえおよそ3カ月前でした。つまり、完全なアウトサイダーだったのです。原爆のことについてはなんら決定に与《あずか》っていないし、知識もありませんでした。

## 民意を得ずしてなった大統領の問題点

前述のように、トルーマンは上院議員時代にトルーマン委員会の委員長として原爆に関して調査したいとスティムソンに申し入れましたが、拒否されています。大統領になって引き継ぎを受けてから、その全貌を知ることができたのです。

さらに、彼は選挙で選ばれたわけではなく、ルーズヴェルトの死去によって、民意を得ずしてなった大統領です。しかも、彼が副大統領候補になる過程にさえ大きな問題がありました。正副大統領候補を選出する1944年の民主党大会では、副大統領の最有力候補であるヘンリー・ウォレスを嫌った保守派の党員が、彼に対するほかの党員の投票を妨害したのです。そのおかげで第1回の投票ではほとんど票が得られなかったにもかかわらず、当選したのはトルーマンでした。

ですからトルーマンは、重要な決定を下す際、ルーズヴェルトのように「国民の支持を得て大統領になった私が決めるのだ」と胸を張っていうことができません。トルーマン自身も、大統領になって戸惑っていましたが、政権周辺の人間はもっと途方にくれていました。戦争が終わりに近づき、重要な決定がいくつもなされなければならないのに、即断即決で、自分の責任でそれをしてくれるルーズヴェルトがいないのです。

原爆の問題もしかりです。この新兵器はおよそ3カ月後の7月には完成する予定でした。そうすれば、既定路線を変えない限り、(2)か(3)に決めなければなりません。

これだけでも大変ですが、ボーアの提言以来懸案になっている、国際管理と情報公開の問題もありました。つまり、どうやってこの原爆のことを、世界に、とりわけソ連に伝えるのか、どこまで情報を公開するのか、そのあとどのような国際管理体制をとるのか、ということです。

原爆をどう使うかの軍事的判断は、アメリカ軍全体の最高司令官でもある大統領がしてもいいでしょう。あるいは、革命的兵器ではあっても、所詮は兵器なのですから、その使用についての判断はアメリカ軍の現場のトップがすべきことで、大統領のでる幕ではない、といえなくもありません。

実際、グローヴスはそう考えて、5月9日に第1回の会合が開かれる暫定委員会の前の4月27日に原爆目標選定委員会を設置して、5月2日にはその第1回目の会議を開いていました。そして、この会議では一貫して、(1)でも(2)でもなく(3)が検討されていたのです。横浜、京都、広島、小倉、長崎の都市の名前がすでに目標としてあがっていました。[66]

これはグローヴスが、自分たちマンハッタン計画の関係者で原爆の投下目標の候補を決め、ルーズヴェルトや陸軍幹部がそのどれかに投下するか決め、そして投下するという手順を考えていたからでしょう。

しかし、ルーズヴェルトの死去があり、イギリスからの情報公開と国際管理についての問い合わせがあり、「ハイドパーク協定書」が見つからないという事態になったため、ルーズヴェルトの即断即決をあてにできなくなったスティムソンが暫定委員会の設置を急がなければならなくなったのです。イギリス側の「ハイドパーク覚書」からはこのような経緯があったことが読み取れます。

もっとも、ルーズヴェルトの死がなくとも、ハイドパーク協定書の紛失が起きていなくとも、ブッシュやコナントは、情報公開と国際管理の問題を議論するために委員会を設置しなければならないとスティムソンに助言していましたから、遅くとも原爆の実験に成功したあとには、やはりこのような会議体が設置されて、同じような議論をしたはずです。[67]

問題は、原爆に関することにトルーマンがイニシアティヴを発揮しようとしないことでした。何も知らないアウトサイダーの身から大統領になったトルーマンにしてみれば、さあ決めろといわれてもどう答えていいかわからなかった、というのは事実です。しかも、ケベック協定書はあるものの、そのあとの「ハイドパーク協定書」がないのです。つまり、現在どんな約束が英米間であったのかわからず、大統領にしっかりした引き継ぎができていないのです。したがって、このあとしばらくトルーマンは原爆に関して決断をくだすことにきわめて消極的になりました。

トルーマンの及び腰は、善意にとれば、ルーズヴェルトがハイドパークでチャーチルに何を約束したのかわからないのでは、この件に関してむやみに決定をくだせないと思ったということなのかもしれません。あとになって、それが前任者の約束に反するものだった、したがって両院合同会議での公約にも違反するものだったということになりかねないからです。

あるいはトルーマン委員会の委員長のときに新兵器について調査しようとして、スティムソンに門前払いをくったこと、そして副大統領になってからもまったく蚊帳の外に置かれたことを根にもっていたのかもしれません。いずれにしても、彼は前任者が始めたことで自分の責任が問われるような事態になることを極力避けたのです。

「ハイドパーク協定書」があれば、スティムソンはそれをトルーマンに示し、前大統領がこう決めたのですからあなたはそれを引き継げばいいのです、といえます。（2）またはの（3）の使い方をするとすでに決めていたら、それも引き継げばいいでしょう。

さらにスティムソンは議会に「協定書」を示して、これまでのところ、イギリスとカナダとはこのような話し合いができていますが、これを踏まえてどうしますかと問題提起し、審議してもらうこともできます。しかし、その「協定書」はアメリカ側からは見つからず、イギリス側も、中身について言及はしますが、現物のコピーをなかなか出してくれないのです。

### イギリス側は原爆投下に同意しただけではなかった

イギリス側はこのスティムソンの窮状を利用した節があります。5月16日付で本国にマーキンズが送った報告書にはこうあります。

「もし私たちがアメリカ人たちの考えに影響を与えたいのなら、彼らの考えが出来上がる前に私たちの意見を取り入れさせなければなりません。長い議論の後で彼らが心を決めたあとに彼らの考えを変えることは難しいことです」[68]

マーキンズは同じ趣旨の手紙を外務大臣のアンソニー・イーデンにも送っています。要するに、「協定書」が見つからず、彼らが議論できないでいるうちに、イギリス側から彼らに働きかけて、自分たちの意に沿った決定をさせようと考えたのです。

そもそもこの年、1945年の初めから、原爆の完成が同年7月になる見込みが立ったことだし、そろそろ情報公開のことと安全保障のことを詰めるよう繰り返し要請していたのはイギリスの方でした。こうしてイニシアティヴをとることによって、相手に自発的に考える余裕を与えず、自国に有利に議論を展開しようという意図が透けて見えます。イギリスがスティムソンにハイドパーク覚書のコピーを送ったのは、すべてが決まってしまった6月25日です。[69]

ここで再確認しておかなければならないのは、原爆開発とその使用に関して、米英は合同方針決定委員会のコネクションを通じて緊密な連絡をとっていたことです。

前述のケベック協定では、リヴァプール大学教授ジェイムズ・チャドウィックなどイギリス側の科学者たちがマンハッタン計画に参加するためアメリカに渡ることのほかに、合同方針決定委員会をワシントンに設置することも定めていました。

この委員会の会合のために、イギリス側代表メイトランド・ウィルソン元帥が何度もアメリカを訪れていましたし、重要な時期に差し掛かってくるとマーキンズを公使に抜擢してイギリス側委員をサポートさせていました。

これら合同方針決定委員会の関係者を通じてアメリカ側とイギリス側はかなり緊密に連絡を取り合っていました。なかでも重要な役割を果たしたのは、イギリス側では前述のマーキンズ、チャドウィック、ウィルソン元帥の他にジョン・アンダーソン大蔵大臣、(原子力開発担当大臣)、チャーチルの科学顧問で国庫局長官フレデリック・リンデマンです。

けっして見逃してはならないのは、アメリカ側の合同方針決定委員会のメンバー、スティムソン、ブッシュ、コナントは、あとで述べる暫定委員会の主要メンバーにもなっているということです。特にその委員長スティムソンは、合同方針決定委員会の委員長でもありました。

その他、書記としてスティムソンの秘書ハーヴェイ・バンディ、陸軍の制服組トップであるジョージ・マーシャル陸軍参謀総長、原爆開発の現場責任者もグローヴス少将も合同方針決定委員会にしばしば参考人として呼ばれていました。そのメンバーは、のちに暫定委員会にも呼ばれています。

このコミュニケーション・ラインは、英米でもこれまで注目されてきませんでしたが、極めて重要なものだということが今回イギリス側文書とアメリカ側文書を比較・対照するマルチ・アーカイヴ的アプローチをとることで明らかになりました。

原爆の使用やそれに関連する重要な決定は、5月9日以降アメリカ側の暫定委員会で審議されるのですが、実はそのたたき台は、このラインを使った米英間の関係者のコミュニケーションのなかですでにできていたのです。[70]

そのたたき台をもとにアメリカ側の暫定委員会が審議し、5月31日に結論を出し、それに7月4日開催の合同方針決定委員会の場でイギリスが同意を与えて、8月6、9日に原爆が使用され、その後に情報公開や国際管理体制がスタートしたことをイギリス側の「ハイドパーク協定1944年」[71]のなかの一連の文書が示しています。

いいかえれば、イギリスは、合同方針決定委員会でアメリカの原爆使用に同意を与えたという以上にもっと深く、暫定委員会などのアメリカ側の意思決定プロセスにかかわり、自らの意向を反映させていたといっていいと思います。つまり、暫定委員会の決定は、イギリス側の意思を忖度したものだったのです。

**イギリスがアメリカ側に望んだこと**

では、イギリス側は、このコミュニケーション・ラインを通じて、そして「ハイドパーク協定書」をアメリカ側が紛失したという状況を利用して、スティムソンやマーシャルにはたらきかけ、どんな方向に導こうとしていたのでしょうか。

イギリス側の文書をもとに要約すると次のようになります。

1．日本に原爆を使用する際、ケベック協定第2条に基づき、イギリス側に同意を求めてもらいたい。[72]

2．原爆が実際に使用されるまでは、第三国（特にソ連）に対してこの兵器の詳細を発表しないでもらいたい。また、発表にあたっては、両国でその内容を十分検討し、合意を得たものにしたい。

3．日本に対して原爆使用前に警告を与えるべきである。[73]

4．原爆の国際管理体制について検討を進めたい。

以下で一つ一つ詳しく解説しましょう。1の点ですが、アメリカと違って、イギリスは対日戦に関してはあまり役割が大きいわけではありません。ですから、原爆を使うかどうかという決定については、アメリカにあまり口出しできる立場にありません。その使用はアジアにいるイギリス軍の将兵の生命にも影響を与えますが、アメリカ軍ほどではありません。

しかし、本心ではイギリス側、特にチャーチルは、原爆を日本に使用することによって、ソ連のヨーロッパでの勢力拡大を抑えたいと思っていました。

このこともあって、チャーチルはハイドパークで「熟慮のあとで、必要だということになれば、日本に対して原爆を使用することもありうる」と語ったのです（この時点ではスティムソンは正確な文言は知りませんでした）。

この場合の使用はソ連に脅威を与えるようにということですから、（2）大量破壊か（3）大量殺戮の使い方を考えていたということです。そして、イギリス側はわざわざアメリカ側に原爆を日本に使用することを求めませんでした。彼らの立場は、それはルーズヴェルトがハイドパークですでに同意しているというものだからです。また、そうするまでもなくアメリカがそのつもりでいることは、合同方針決定委員会でスティムソンなどに何度も会い、アメリカ側の意向を知っているので必要ないのです。

またイギリス側はケベック協定第2条に基づいて、原爆の使用に関しイギリスの同意を求めるよう要請していますが、これは決して拒否権が欲しかったのではなく、それによって、原爆を保有こそしていないものの、ソ連に対してイギリスはアメリカと一体だと思わせたかったのです。

2の点も1と関連しています。チャーチルは原爆もその製造技術も、できるだけ長くケベック協定国で独占することが望ましいと思っていました。3年もたてば独占がくずれることはチャーチルも予想していましたが、その間にソ連をなんとかしたい、できると考えていました。[74]

しかも、1945年3月20日のイギリス側の文書によりますと、彼らはフランス人のジョリオ－キュリーらが核分裂の連鎖反応のパテントを持っていることに頭を痛めています。[75]アメリカ、イギリス、カナダは原爆・原子力開発をフランス抜きで進めていました。ドイツに占領されていたのですから、当然です。

ところがドイツの敗北によってフランスは、同年の3月までにはほぼ全土が解放されていました。本来なら、ジョリオ－キュリーたちに「あなたたちのパテントを使った原爆を日本に使用するが、よろしいですか」と訊かなければならないのですが、当時の状況ではそういうわけにはいきません。かといってパテントを無断で使って完成させて、しかもそれを大量破壊兵器・殺戮兵器として使うのもいかがなものかと思います。

なによりもイギリスが恐れていたのは、このような扱いに不満をもったフランス人科学者たちがソ連のもとに走る可能性でした。そうなると、ソ連の原爆開発はいよいよスピードアップします。そうならないようにフランス人科学者を懐柔するためにも時間が必要で、ゆえに原爆の情報を公開するのは、なるべく引き伸ばさなければならなかったのです。

一般論としても、情報公開を早くすれば、それだけ早くソ連の原爆開発がスタートし、原爆の独占も早く崩れ、ソ連に対する米英の優位も早く失われ、ソ連のヨーロッパ進出への歯止めもそれだけ早くなくなります。ですからイギリス側は、情報公開に踏み切らざるを得なくなるのでアメリカに原爆を使用するなとはいわないものの、少なくとも使用するまでは、情報公開を控えるよう繰り返し要請していたのです。

アメリカのマーシャルもイギリス側の考えと同じですが、彼の場合は、ソ連のアジア進出を防ぐという視点も入っていました。

それでいながら、イギリス側はこのままでいけば、原爆はアメリカが単独で開発したことになり、そこに果たしたイギリスの貢献は忘れ去られることになるとも恐れていました。だから、原爆はあくまでアメリカ、イギリス、カナダが共同で開発したものであり、そこで果たしたイギリスの功績が大きいことを世界に伝えなければならないと思っていました。そして、イギリスは今でこそ原爆を保有していないが、製造する技術は持っており、この面において依然アメリカとともに世界のリーダーだということを、国際社会に、特にソ連に対して、示したかったのです。したがって、原爆についてどんな情報をどんなタイミングで出すかということについて、アメリカと協議して詰めておくことが重要だと思っていました。

3は（A）警告ありと（B）警告なしの選択のこともあるので注目してほしいところですが、都市を破壊して威力を示しても、なるべく人的被害は抑えてもらいたいということなのです。原爆開発に関わっていた科学者たちはもちろん、マーシャルもスティムソンも人的被害を出すことには抵抗感を示していました。この点は、イギリス側も同じだったのです。

4は、実際に進められ、原爆使用後、国際連合に原子力委員会を設置し、国際管理体制の構築に動く方向へ進んでいきます。のちにNPT（核不拡散条約）体制へとつながっていくものです。

## 暫定委員会がアメリカ側の結論を出した

さて、スティムソンのほうに話を戻すと、切羽詰まった彼は5月2日に「暫定委員会」を設置することにし、それになんとかトルーマンの同意を取り付けました。この名称は、先ほども述べたように、議会にこのことに関する委員会が作られるまでの暫定的な委員会の意味です。これは超法規的会議体で、本来このようなことを決める法的根拠がありません。これが、原爆の使用とそれに関連する重要事項を5月9日以降審議していくのですが、当時スティムソンが置かれていた状況では、こうするしかなかったのです。

スティムソンはこのような会議体を作って原爆に関する重要決定をすること、そして会議のメンバーに誰を選んだか、まで逐一イギリス側に伝えています。明らかに、イギリス側の同意を取り付けようとしています。暫定委員会というアイディアもイギリス側がスティムソンに吹きこんだのではないか、と疑いたくなるほどです。

以下は暫定委員会のメンバーです。

ヘンリー・スティムソン　陸軍長官
ラルフ・A・バード　海軍次官
ヴァネヴァー・ブッシュ　科学研究開発局長官
ジェイムズ・バーンズ　私人（もと戦時動員局長、すぐあとに国務長官）
ウィリアム・クレイトン　国務次官補
カール・コンプトン　科学研究開発局委員
ジェイムズ・コナント　国防研究委員会議長
ジョージ・L・ハリソン　スティムソンの副官
（書記としてスティムソンの秘書のハーヴェイ・バンディ）[76]

このメンバーでスティムソンと考えの違う人間は一人を除いていません。その一人とはバーンズですが、彼でさえもスティムソンは前から会っていてその考えが大枠では一致していることを知っていました。つまり、スティムソンは暫定委員会をイエスマンでかためたのです。

この暫定委員会は、構成からいけば、合同方針決定委員会のアメリカ側メンバープラス三省委員会（陸軍省、海軍省、国務省の代表から成る委員会で、軍事に関わる重要事項を審議し、決定した）プラス大統領の代理人といえます。それまでスティムソンが何度も会って、話をして、お互いによく理解しあっている人々です。

特に注目すべきは、やはり大統領の代表ジェイムズ・バーンズです。彼はこのすぐあと国務長官に任命されますが、この当時は一私人でした。彼を選んだのは形としては大統領ではなくスティムソンです。なぜ、スティムソンは彼を選んだのでしょうか。

前に見たように、バーンズは原爆開発のことで重大な懸念を表明した戦時動員局長です。スティムソンの議会、納税者、アメリカ軍将兵に対する立場を理解している人間でもあります。また前の引用からもわかるように議会関係者に根回しする力も持っていました。

さらに、彼はトルーマンの先輩格の政治家で、真珠湾でだまし討ちをした日本をきびしく罰しなければならない、という考えかたを大統領と共有していました。[77]情報公開やソ連に対する考え方も、イギリス側に近く、スティムソンより厳しかったといえます。

このバーンズを大統領代表としてこの委員会に入れたスティムソンの意図は明らかです。それは、大統領の意思を暫定委員会の決定に反映させるためです。さもないと暫定委員会で何かを決めてもトルーマンが承認しない可能性があるからです。ジェイムズ・フォレスタル海軍長官は、日記にスティムソンが暫定委員会の委員長にバーンズを考えていたと書いています。[78]しかし、自分の方が原爆のことをよく知っているのでスティムソンは思いとどまったのでしょう。そのバーンズでさえイギリス側から見ても妥当で、都合のいいメンバーだったといえます。また、スティムソンはそのように委員会のメンバーを決めたのです。

**暫定委員会の出席者のほとんどは無警告投下に反対していた**

実際、委員会の議題も、ほぼイギリス側の考えていたのと同じものが出されました。イギリス側が検討を要請したのだから当然です。そして、5月31日の会議で、暫定委員会は二つの例外を除けばイギリス側の意向に沿った結論を出しました。

**（1）心理的効果を考えて原爆を労働者の住宅がある重要軍需工場に投下する。**

（2）投下は無警告で行う。
（3）ケベック協定第2条は破棄する。
（4）ソ連には、原爆を開発し、それがかなり進捗しているとだけ伝える、それ以上のことについて問い合わせがあっても応じない。
（5）原爆投下後に出す声明について互いに連絡を緊密にとって合意を得る。
（6）国際管理体制については両首脳がポツダム会談で話し合う。[79]

これらがほぼイギリスの思惑通りだったということは、暫定委員会がイギリス側と同じ線（on precisely the same lines）で動いているとマーキンズが本国に報告していることからもわかります。[80]例外は（2）と（3）でした。

とりわけ目をひくのは（3）ですが、イギリス側にとってこれは想定内のことで、ケベック協定第2条「われわれはこの力をお互いの同意なくして第三者に対して使用しない」の破棄をマーシャルが強く主張するだろうとイギリス側は思っていました。議事録を読むと実際に発言したのは、海軍次官のバードですが、アメリカ軍の幹部ですから思いは同じだったのでしょう。あるいはマーシャルと相談の上での発言かもしれません。[81]

ただしこの決定にもかかわらず、スティムソンは実際にはこのあとイギリスに同意を求めています。6月15日付の陸軍長官宛てのメモのなかでもグローヴスがケベック協定に基づいてイギリス側の同意を得るようにと念を押しています。[82]この段階ではまだアメリカ側はケベック協定を破るつもりはなかったといえます。

特に日本人にとって、もっとも問題になるのは当然（2）です。これは、原爆を大量破壊兵器ではなく、大量殺戮兵器として使うことを意味します。これはチャーチルも想定には入れていたでしょうが、彼としては大量破壊兵器としての使用で満足していたと思います。チャーチルに付き従ってポツダムにいた主治医チャーズ・マクモラン・ウィルソンの日記では、首相はポツダムで7月23日に「それは日本に使用されるだろう。軍隊にではなく、都市に」といっていたということです。[83]ただし、前にも述べたように、イギリス側は日本に事前警告してはどうかと示唆していましたから、大量殺戮兵器として使うことに賛意を表明してはいなかったと思われます。少なくとも、そのようなことを示す公文書は見つからないのです。

では、誰が、この大量殺戮兵器として使用するよう議論を（2）に主導したのでしょうか。それは、スティムソンでも、彼の要請でこの委員会に招かれて出席していたマーシャルでもなかったことはたしかです。

というのも、この2日前にマーシャルは次のような提案をしていたからです。

「原爆は、最初は大きな海軍基地などの直接的軍事目標に使用するのがいいだろう。そのあとはっきりした結果が出なかったら、いくつかの工業都市を指定して、日本人にわれわれはこれらの中心部を破壊するつもりであると警告して、退避させるといい。日本人がわれわれが投下するのがどの都市かわからないよう、いくつかの候補都市をあげて、そのあとすぐに投下するというように」

彼はさらに続けて、こうもいいます。

「この兵器の性格は焼夷弾やリン弾（リンを使った爆弾、発火して有毒物質を発生させる）と同じように非人道的なもので人口密集地や民間人が多いところに使うべきではない。使われるべきはあまり軍事的重要性を持たないが掃蕩する必要のある抵抗拠点に対してのみである」[84]

つまり、マーシャルは原爆の非人道性を認識しているので、まず軍事目標に対し警告として使用し、そののちに日本が抵抗をやめないならば、事前警告ののちに工業都市に対して使用するのもやむを得ないと考えているのです。

しかも、工業都市に使う場合でも、人口密集地ではなく、軍事的にはあまり意味がない（意味があるものは陸軍航空軍がすでに破壊しているので）が、抵抗拠点なので掃蕩（be wiped out）する必要がある地域を目標とすべきだといっています。

スティムソンが極めて重要な5月31日の暫定委員会にマーシャルを呼んだのは、司会役に回らなければならない自分に代わってこの29日の提案書と同じことを述べて欲しかったからでしょう。したがって、スティムソンもマーシャルも警告してから人口密集地を避けて原爆を投下する、という考えだったと思われます。

ブッシュとコナントのような科学者たちはどうかといえば、前に見たように、アメリカ国内か日本の領土内の小島で一度使用してデモンストレーションし、それを事前警告としたのち、それでも降伏しなかったら本土に使うという段階的使用論でした。無警告投下に賛成なはずがありません。

**結論を出したのはスティムソンではなかった**

それでは「犯人」は誰なのでしょうか。ここは重要なので、トルーマン大統領図書館の「原爆投下の決定」に収録されている5月31日の暫定委員会の議事録の本文を引用しましょう。

「陸軍長官（スティムソン）は、以下のように結論し、それに大方の同意が得られた。われわれは日本にいかなる警告も与えることができない。民間人の居住区を目標の中心にすることはできない。だが、できるだけ多くの住民に深い心理的印象を与えるようにしなければならない。コナント博士が最も望ましい目標は、多くの労働者が働いていて労働者の住宅が近くにある重要軍需工場であると述べ、陸軍長官はこれに同感だといった」[85]

誤解してはならないのは、ここで述べられていることは、スティムソンが出した結論ではなく、議長である彼が委員会の結論としてまとめたことになっているものだということです。

わかりにくい言い方をしましたが、スティムソンの日記によると、彼はこの日の会議の初めこそはいましたが、途中で前海軍長官のフランク・ノックスの死後叙勲のセレモニーのためにホワイトハウスへ行っていて、会議の場にいなかったのです。[86]したがって彼は日記に暫定委員会でどんな議論がなされたのかを書いていません。つまり、これらの結論は委員会が出したということになっているので、議長のスティムソンがとりまとめたことになっていますが、議論の内容については関与していないのです（私はバーンズ―トルーマンの意向を知ったスティムソンがノックスの死後叙勲を口実として故意に途中退席した可能性があるとさえ思っています。そのこともあってマーシャルに何を言うつもりか4月29日に訊いたのかもしれません）。

したがって「労働者の住宅が近くにある重要軍需工場」を目標とするという議論を主導したのがコナントであり、この発言のあったときスティムソンがいたことはわかるのですが、無警告、つまり（2）に主導したのが誰なのかは名前がないので、わからないのです。

それほど、この決定が、広島・長崎の惨劇に直結するものであることを、委員会のメンバーも深く認識していたということです。（4）、（5）、（6）は誰の発言が主導的だったか問題とされるような事項ではありません。だから、議事録から誰がいったかが明らかになっています。しかし（2）についてわざわざそのように主張したのが誰なのか分からないように記録をとっているのです。このことがその人物が誰かのヒントになっています。つまり、大統領の代理であるバーンズです。

消去法を使っても同じ結論になります。陸軍省関係者、海軍省関係者、科学者はすでに述べたことから（2）を提案するはずがありません。残るはバーンズと国務省を代表して出席しているクレイトンなのですが、国務省は軍事ではなく外交を扱うのですから彼はこの方面のことについて発言しそうにありません。しかも彼の専門は経済政策です。そうするとバーンズしかいなくなるのです。そしてバーンズなら、そのような発言をしたにもかかわらず、誰か特定できないように記録している理由も理解できます。それは、大統領の代理だからです。

このことは翌6月1日の暫定委員会の議事録を読むと、もっとはっきりします。

「バーンズ氏は次のように提言し、それに委員会は同意した。すなわち目標の最終的選択は本来軍事的決定であることを認めつつも、現委員会の見解は、可能な限り速やかに原爆が使用されるべきだということ、それは労働者の住宅に囲まれた軍需工場に使用されるべきだということ、事前警告なしに使用されるべきだということを陸軍長官に伝えること」[87]

原文では「伝える」は“the Secretary of War should be advised that…”となっています。バーンズの意図は、スティムソンがホワイトハウスに行って不在のあいだに出された委員会の結論をしっかり当人に伝え、これを無視した命令を出さないようにということです。まるで、部下に命令を復唱させているようです。

スティムソンは陸軍長官を2度、国務長官を1度務めた超大物です。かたやバーンズは、ルーズヴェルトに戦時動員局長に抜擢されましたが、もともとは人口過疎州選出の上院議員に過ぎません。それなのに、スティムソンに彼がこう要求できるのは、大統領の代理だからです。

そして、わざわざこのように念を押して、必ず実行させようとしているのは、この結論が彼および大統領の意向だからです。ここからも（2）に議論を主導した名前の出てこない人物は、バーンズだと考えるしかありません。

その動機もシラードが明らかにしています。3日前の5月28日にバーンズと会ったシラードは日記にこう書いています。

「バーンズは戦後のロシア（ママ）の振る舞いについて懸念していた。ロシア軍はルーマニアとハンガリーに入り込んでいて、これらの国々から撤退するよう説得するのは難しいと彼は思っていた。そして、アメリカの軍事力を印象づければ、そして原爆の威力を見せつければ、扱いやすくなると思っていた」[88]

これはなぜバーンズが原爆の最も過酷な使い方を求めていたのかの説明になっています。「ロシア」へのインパクトが最大限になるようにしたい、ということです。

これについては、このあとのⅢをお読みになれば、この説明に一層納得いただけると思います。議事録の検討に戻ります。

先ほどの議事録には、「コナント博士が最も望ましい目標は、多くの労働者が働いていて労働者の住宅が近くにある重要軍需工場であると述べた」とあります。しかし、「(1) 心理的効果を考えて原爆を労働者の住宅がある『重要軍需工場』に投下する」という決定について鶴の一声を出したのが科学者のコナントだというのは、それまでの彼の言動からして意外に思えます。科学者たちは、一貫して、人的被害を少なくする方針を求めていました。それにもかかわらず、ここではわざわざ「多くの労働者が働いていて労働者の住宅が近くにある重要軍需工場」が望ましいというのです。

この矛盾をどう考えたらいいでしょうか。論理的には、彼は事前警告を前提にしてこの発言をしたと考えるべきでしょう。そうとらないと、この発言とそれまで彼が発言してきたこととの間に整合性がなくなってしまうのです。

彼が主張した条件に合致する重要軍需工場は、このあと軍人たちによって二重のターゲット（a dual target）と呼ばれることになります。つまり、軍事目標と都市が一緒になっているものということです。[89]日本の大都市にして広義の軍需工場がまったくないものはないので、これでは大都市すべてが該当してしまいます。ハーバード大学の現役学長が、こんな馬鹿げた、しかもそれまでの主張と矛盾することをいうものでしょうか。

やはり、彼が目標について主張したときに念頭にあったのは「事前警告あり」だったと考えるのが妥当でしょう。つまり先に原爆の目標の議論があって、そのあとに事前警告の議論がなされた。コナントの発言は事前警告することを前提になされたものだということです。それなら、議論が分かれたとき、妥協案としてコナントがこのようなことを口にしてしまうことはあり得ることです。

スティムソンの日記を読むと、海軍の立場を代表するバードも彼と一緒にフランク・ノックスの死後叙勲のためにホワイトハウスに行っていて会議に不在だったのですが、彼がまだいたときは目標の議論をしていて、彼がいなくなったあとに事前警告の議論をして、無警告という結論が出てしまったのではないでしょうか。それなら、あとになって彼が無警告投下に異を唱えても、それほど横紙破りな行為をしたことになりません。

ちなみに、広島にあった唯一の「重要軍需工場」とは広島陸軍被服支廠、つまり軍服の工場・倉庫です。これでは二重のターゲットにも該当しません。コナントが自分の発言がもとで広島が最初の原爆の目標になったことを知ったとき、しかもそこには「重要軍需工場」などなかったことを知ったとき、どう思ったでしょうか。

## 不発弾になる可能性は無警告投下の理由になったか

戦後スティムソンは原爆開発責任者として、また元陸軍長官として、アメリカの原爆投下を正当化するために『ハーパーズ』誌に「原爆投下の決定」を発表しましたが、このなかで無警告投下した理由については、不発弾になる可能性があったからと書いています。[90]つまり警告しておいて不発弾になると、それが原爆だと予告しているので、日本軍がこれを手に入れてしまうということです。それにこんな間抜けなアメリカ軍に降伏などするものかと、継戦意思を固めてしまうかもしれない、ということもあります。

しかし、このような辛い立場に立たされたスティムソンに同情はしますが、当然ながらこの説明は信じられません。なるほど、原爆が1発しかなくて、それが不発弾になって、あとはもうないのなら、日本軍の士気はあがったでしょう。しかし、生産ラインが出来上がっていたので、アメリカ軍はこの年の終わりまでに9個完成させることができたのです。そのうちの2個は使用可能ではありませんでしたが、7個ありました。1発不発弾になったとしても、そのあと成功すればなにも変わりありません。[91]

不発弾が日本軍の手に入ってしまうという問題も、そうしたところで日本軍は使えないだろうという答えが返ってきます。原爆はアメリカ軍の誇る爆撃機B‐29（これも莫大な開発費をかけて完成させました）しか運べませんでした。日本にはこんな爆撃機はありません。あっても制空権を完全に失っているので、それをアメリカ軍に対して使うことはできません。それはアメリカ側もよく知っていました。

船に積んで特攻をかけることも考えられますが、それが可能な状況はこのころの日本海軍には作れなかったと思います。あとで触れるスティムソンの部下ジョン・マクロイも日本の船という船はほぼ全部沈めたといっています。

スティムソンは挙げていませんが、アメリカの研究者の中には「警告なし」を正当化する理由として、「日本の戦闘機に原爆の搭載機が待ち伏せされる」というものを挙げる人もいます。

これはたしかにありえたかもしれませんが、マーシャルの案の通り、複数都市を指定したら、迎撃態勢がないに等しいので、防衛は難しかったと思います。爆撃予告日も1

日ではなく、数日の幅をもたせれば、迎撃は一層むずかしくなります。

このように考えると、事前警告なしにする積極的な理由は見つかりません。しかも、海軍のバードは暫定委員会の後、6月27日になって反対を表明します。[92]このことについては、スティムソンも1947年に発表した「原爆投下の決定」のなかでわざわざ言及しています。彼の名誉を思ってのことだと思います。それほど、事前警告の有無は重要なことなのです。

では、バードは不発弾になるリスクは考えなかったのでしょうか。1943年には、原爆をトラック島の日本海軍の基地に使うという案がありました。[93]なぜなら、不発弾になっても、海が深いので日本軍は回収できないだろうからというのです。つまり、アメリカ軍は不発弾のリスクを以前からよく考えていて、織り込み済みだったのです。そのことに使用を間近にひかえたこのときになって気が付くというのはおかしいのです。

あらゆる可能性を検討した結果、やはり無警告にしたのは、バーンズ（と、その背後にいるトルーマン）がもっとも国際社会に（とりわけソ連に）衝撃を与える大量殺戮兵器として使いたかったからだ、と結論せざるをえません。

だからバードは反対したのです。彼もこの使い方が日本の戦争継続の意志をくじき、終戦を早めるうえでもっとも効果が大きいことは承知していたでしょうが、そこまでやる必要はないと思ったのです。これはイギリス側、チャーチルでさえ同じです。

## 無警告投下は真珠湾攻撃に対するトルーマンの懲罰だった

このことは、このⅡ、というより本書のなかでもっとも重要な部分です。「誰が、なんのために、日本に対して原爆を使ったのか」という問いに対する直接の答えになるからです。もちろん、委員会としての決定事項を大統領が拒否していないので、いずれにしてもアメリカ政府トップである大統領の決定になりますが、ほかならぬ大統領とその代理人が、科学者たちや軍人たちの反対にもかかわらず、人道に反する、当時の国際法にも違反する、もっとも非人道的な使用の仕方を選んだということです。

戦争に勝つためなら、大量破壊兵器として使うので十分なのに、わざわざ大量殺戮兵器としての使い方を選んだ理由は、トルーマンとバーンズが日本人に対して持っていた人種的偏見と、原爆で戦後の世界政治を牛耳ろうという野望以外に見当たりません。

トルーマンは、ポツダム会談でチャーチルと原爆のことを議論したときも、原爆投下のあとの声明でも、サミュエル・カヴァートというアメリカキリスト教協会の幹部に宛てた手紙でも、繰り返し真珠湾攻撃のことに言及しています。この点は見逃せません。[94]
つまり、真珠湾攻撃をした日本に懲罰を下したかったのです。真珠湾攻撃が彼の復讐心を掻き立てるのは、被害が大きかったというよりも、自分たちより劣っているはずの日本人がそれに成功したからです。これは根拠のない推論ではありません。
トルーマンは若いころ（正確には1911年6月22日）、のちに妻になるベスに送った手紙のなかでこのようにいっています。
「おじのウィルは、神は土くれで白人を作り、泥で黒人を作り、残ったものを投げたら、それが黄色人種になったといいます。おじさんは中国人とジャップ（原文のママ。日本人の蔑称）が嫌いです。私も嫌いです。多分、人種的偏見なんでしょう。でも、私は、ニガー（黒人のこと）はアフリカに、黄色人種はアジアに、白人はヨーロッパとアメリカに暮らすべきだという意見を強く持っています」[95]
大統領になってもこの人種的偏見から抜け出せていなかったことは、彼が前述のカヴァート宛の手紙で「けだものと接するときはけだものとして扱うしかありません」と記していることからもわかります。彼が「けだもの」と呼んでいるのは「ジャップ」のことです。人種差別が厳然としてあった当時としても、大統領の言葉として著しく穏当を欠いた言葉です。

さらに付け加えると、真珠湾攻撃は、彼が考えているような卑怯な騙し討ちではありませんでした。それはハルノートを突き付けるなどルーズヴェルトの強硬姿勢によって日本が追い込まれてしたことです。それがどれほど効いているかについて正確な情報を得ていたので、ルーズヴェルトは日本が先制攻撃する日をほぼ正確に知ることができたほどです。[96]

このような人種偏見と思い込みに囚われたトルーマンが、戦争に勝つことよりも無差別大量殺戮で相手に復讐することを優先したのですから、その行為は、必要のない殺戮を禁じているハーグ陸戦法規に明確に違反しています。イギリス側やアメリカ側の軍人たちが原爆の無警告使用に反対したのは、彼らもそう考えていたからだと私は思います。

スティムソンは原爆投下後の声明のなかで「原爆は新しい、そしてきわめて大きな破壊力を持つものと考えられるが、現代の戦争で使われる他の非常に破壊力のある兵器と同じく合法的である」といっています。わざわざ「合法的」だと断っているのは、原爆そのものはそうであっても、日本への使用の仕方には彼自身やましさを感じていることのあらわれではないでしょうか。

ロナルド・タカキは、『アメリカはなぜ日本に原爆を投下したのか』で日本への原爆投下はトルーマンの人種的偏見と関係があるといっています。極論のように聞こえますが、彼の著書を読んでみて、私自身が中西部にいたときの経験を踏まえると、説得力を感じざるをえません。

ジョン・ダワーの著書で唯一読むに値する『容赦なき戦争』でも第二次世界大戦と人種的偏見・憎悪が切っても切れないものであることが明らかにされています。[97]

トルーマンは、バーンズを通じて、世界にもっとも大きな衝撃を与える大量殺戮兵器としての使用の決定に関してはイニシアティヴを発揮したのです。

このあと、トルーマンは、スティムソンから6月6日に暫定委員会の出した勧告について報告を受けます。そして「それについてはすでにバーンズから（6月1日に）聞いている。バーンズはそこで決められたことが気に入っているようだ」といっています。[98]

この引用からもわかるように、バーンズは当然ながらトルーマンの意向を前もって聞いていますし、それに基づいて会議の議論を主導していたのです。そして、そのあと会議で決まったことも逐一報告していたのです。

スティムソンも暫定委員会で決定を下すにあたり、バーンズから頭を押さえつけられて間もない時期でもありますから、決定を承認するかどうかなどはもはやトルーマンに聞きもしません。ポイントの確認のみをしています。

こうしてあとは、ポツダム会談でトルーマンが暫定委員会の勧告を踏まえて、チャーチルやスターリンとどう話し合い、決めていくかということになりました。

## スティムソンはバーンズとトルーマンに反旗を翻した

ただし、これで完全に日本に原爆を投下することが決まったわけではありません。このあとスティムソンは、降伏勧告・条件提示・警告に熱を入れるようになります。つまり、日本を降伏させるための別の方法です。のちにこれがポツダム宣言になるのです。

これについては少し話をさかのぼらなければならないので、暫定委員会が立ち上がった5月9日まで時間を戻します。このころ国務省では、対日降伏勧告・条件提示となるものを声明として新大統領にださせるという案が持ち上がっていました。提唱者は当時国務長官代理だったジョセフ・グルーです。[99]彼はルーズヴェルトが死去したあとにでてきたヤルタ極東密約にショックを受けました。

1945年2月にルーズヴェルトとスターリンはヤルタで秘密会談を行ないます。日本を降伏させるためにルーズヴェルトはソ連の参戦を促そうと考えました。そのために、ソ連に対して戦後、千島列島、東清鉄道、南樺太を与えることまで約束してしまいます。これがヤルタ極東密約です。

その密約の通りになったら、ソ連はすでに押さえていた東ヨーロッパに加え、中国と東アジアにも進出してしまいます。アメリカの将兵の命と引き換えに日本を中国大陸と朝鮮半島から追い出そうとしているのに、そのあとにソ連が入ってきたのでは何のために払った犠牲なのかわかりません。

そこで彼はスティムソンにヤルタ極東密約を見直すよう働きかけます。彼を引き込むことに成功したら、一緒に大統領に決断を迫るつもりでした。ところが、スティムソンは密約にある領土と利権は、いずれにしても日本の敗戦によってソ連の手に渡ってしまうもので、それを阻止するためにアメリカ軍の力を割く余力がないという判断でした。

グルーは、それなら日本側が飲めるような降伏条件を示して、ソ連の参戦前に日本を降伏させたいと思いました。これはのちにポツダム宣言へと発展していくものですが、この降伏勧告・条件提示に皇室維持条項が含まれていました。というより、この条項が全体の眼目だったのです。

第一次世界大戦後、王室が廃止されたドイツとロシアは共産化しました。ドイツの場合は共産化もしましたが結局、国家社会主義、すなわちナチスにとってかわられました。ですから、日本も皇室を廃止すれば共産化すると彼らは恐れたのです。共産主義とアメリカの資本主義は相いれないのですから、日本が共産化すればまた戦争をしなければならなくなります。

また、グルーは、この降伏勧告・条件提示案を作成するにあたって戦略情報局に命じて、中立国にいる日本の公使館関係者と接触させ、最低限の条件は何かということを聞きださせました。[100]彼らはみな皇室の維持をあげました。そこで、無条件降伏ではなく、これを条件にすれば日本は降伏するだろうと思ったのです。

ところが、この皇室維持条項を含む勧告案には大きな障害がありました。ルーズヴェルトは１９４３年から無条件降伏を唱えていたのです。つまり、相手国が無条件で降伏しない限り戦争を止めないというのです。しかし、本来、降伏にあたって無条件を求めるというのはありえません。これは当時も今もそうです。というのも、無条件だと、国民がすべて抹殺され、国土が全部奪われても文句を言えないということになります。これでは相手国は降伏できないので、最後まで戦い、味方にも犠牲者が増えてしまうと軍の幹部たちは反対しましたが、ルーズヴェルトはこれを変えませんでした。[101]自国民受けを狙ってのことです。原爆の使用法にせよ、降伏条件にせよ、軍人が穏当なほうを主張し、政治家が極端なほうを主張する傾向があるのは興味深い事実です。

ルーズヴェルトを引き継いだトルーマンも、前大統領の政策をそのまま引き継ぐと両院合同会議で宣言し万雷の拍手を浴びました。したがって、トルーマンが前任者の政策の中心である無条件降伏方針を変更することには問題があります。

それに、前に見たように、トルーマンは真珠湾攻撃の復讐がしたいのです。この点でも、無条件降伏を条件付き降伏に変え、しかも世論調査で死刑にすべしという意見が多かった天皇をそのままにするというのではトルーマンが飲みそうにありません。[102]

グルーはこの降伏勧告・条件提示を5月28日に大統領に声明としてださせようと考えましたが、スティムソンから待ったがかかりました。彼の部下マクロイはS-1のことがあったからだと証言しています。つまり、そろそろ暫定委員会で原爆の使用の仕方について結論が出るので、それを踏まえて降伏勧告・条件提示について議論したいということです。[103]

そして、前に見たように5月31日の暫定委員会では原爆を日本人にとってもっとも過酷な方法で使うことが決まりました。そこで、内心これに反対なスティムソンは降伏勧告・条件提示のほうに力を入れるようになるのです。

## 閣僚たちはトルーマンに無条件降伏方針の変更を迫っていた

6月12日の陸軍長官、海軍長官、国務長官（この場合は代理のグルー）からなる三人委員会（The Committee of Three、委員会の名称）で作った降伏勧告・条件提示の草案にスティムソンはこのように書き込みます。

「陸軍長官はこの問題（天皇と日本国民との間の関係）が心から離れない。そのことについてマーシャル将軍と話した。もしわれわれがこの言葉（無条件降伏）を使わずに戦略目的のすべてを達成できるのなら、われわれはこの言葉を躊躇せずに捨てるだろう」[104]

ここでスティムソンは、皇室の存続という条件付きで日本の降伏を得ても、戦略的目的のすべてが達成できるのなら、無条件降伏方針ではなく皇室維持という条件付き降伏に切り替えるべきだといっています。

ここまで原爆の使用そのものには前向きだったスティムソンの主張にしては矛盾しているように思えるかもしれませんが、必ずしもそうではありません。グルーのほうは降伏勧告・条件提示をすぐに出して原爆投下とソ連の参戦を防止することを考えていましたが、スティムソンは7月2日付の大統領宛書簡を読む限り、この時点では、ソ連の参戦のあとに原爆投下のタイミングを考えながらそれを出すことにしていました。[105]これは6月29日に彼に提出されたアメリカ陸軍作戦課の意見書を踏まえたものです。[106]

つまり、グルーの目的は「原爆投下阻止」、「ソ連の参戦阻止」だったのですが、スティムソンのほうは、この段階では、「ソ連の参戦」を阻止しようとは必ずしも考えていませんでした。むしろ、日本を確実に降伏させることが第一目的で、そのために必要ならソ連の参戦に原爆の使用を絡めることもあり得ると考えていたのです。[107]それほど日本を降伏させることは難しいと考えられていました。

それに、原爆がどのくらいの威力があるのかまだわかりません。また、この降伏勧告・条件提示も実際に使ってみないとその効果はわかりません。ですから強力な代替案をできるだけ多く用意しておかなければなりません。原爆という鞭の方ではもっとも厳しい使い方をするという決定が出てしまいました。それなら降伏勧告・条件提示というアメのほうは、できるかぎり甘くする必要があると考えたとしてもおかしくありません。そして、このほうが日本を確実に降伏させる上で効果が高いのです。
6月19日には、九州上作戦を議論する会議が開かれます。この会議は、無条件降伏方針を大統領に放棄させる絶好の機会になりました。三人委員会のメンバープラスそれぞれの部下と軍事顧問のウィリアム・ダニエル・リーヒ提督と大統領が出席したこの会議で、九州上陸作戦について話し合い、これに大統領の承認を得ましたが、そのあとで、三人委員会のメンバーとリーヒがこの条件付き降伏方針に切り替えることを強く迫りました。その理由は以下の通りです。

承認を得たこの上陸作戦には参加する19万人のアメリカ将兵30パーセントの約6万3000人もの死傷者が見込まれる。これだけでも大変な数だが、このあとも同じ規模の上陸作戦をしなければならない。これを避けるためにできることは何でもしなければならないのだから、大統領に無条件降伏方針を変えてもらいたい。

そう迫ったのです。軍人たちの反乱です。これは、6月12日にスティムソンが他の2

人と打ち合わせていたのでしょう。

## 降伏勧告・条件提示が原爆投下の事前通告になった

閣僚たちの圧力に押されてトルーマンは、条件付き降伏ならどんな条件をつけるべきかスティムソンの部下ジョン・マクロイに案を出すよういいます。マクロイは当然ながら立憲君主制のもとでの皇室の維持を挙げました。そこで大統領は、「私も同じ意見だ。ついてはそれを文にまとめてバーンズのところへ持っていくように」と指示しました。[108]ところが、翌日マクロイがバーンズのもとに文案を持っていくと、彼は「この案はわれわれの側の弱さと見られるかも知れないので受け入れられない、自分は天皇を戦争犯罪者として扱わないかもしれないが、皇室の維持を降伏条件とすることはできない」と答えました。

大統領の意向に独断で反対できるはずはありません。つまり、トルーマンはその場では反対できなかったので、大統領の代理としてのバーンズに条件付き降伏勧告・条件提示案を拒否させたのです。

ここでのトルーマンのバーンズの使い方に注目していただきたいと思います。つまり、トルーマンは自分がしたと思われたくないときは、バーンズを身代わりにするのです。暫定委員会の「警告なし」という選択も、自分に代わってバーンズが委員会でいってくれるのであまり心理的負担を感じずにできたのかもしれません。

さて、大統領の拒否にもかかわらず、6月26日の降伏勧告・条件提示案の検討会議では、スティムソンが皇室維持条項を復活させました。この条項なしでは日本が降伏するわけがなく、降伏勧告・条件提示の意味をなさないからです。スティムソンも戦争が重大な局面に差し掛かっているこの時期では大統領にイエスばかりをいうわけにはいかないと腹をくくったようです。[109]

したがって、7月2日にスティムソンがポツダム会談に向かう準備をしているトルーマンに渡した最終版では第13条に次の重要な部分がありました。

「日本人が日本国民を代表する責任ある平和的政府を設立したならば連合国軍は速やかに撤退する。このような政府が二度と侵略を希求しないと世界が完全に納得するならば現皇室のもとでの立憲君主主義を含めてもよい」[110]

7月6日にグルーが国務長官になって4日目のバーンズに渡したヴァージョンでは最後の部分に次の一文が加わっていました。

「日本にとってこれに代わる選択は迅速で徹底的な破壊である」[111]

要するにスティムソンやグルーの心のなかでは、降伏勧告・条件提示案が原爆の使用の事前警告になったということです。事実、スティムソンは大統領に宛てた説明文のなかで、終始「降伏勧告・条件提示」ではなく「警告」と呼んでいます。そして、これ以降も「警告」で通します。

日本側は原爆のことについてまったく知らないのですから、「警告」ならばもっとはっきり原爆のことに触れるべきなので、これは事前警告を出そうとしないトルーマン（バーンズ）に対する皮肉も込めていると私は考えます。大統領に対する説明文でも、「警告」ではあるが、暫定委員会の事前警告はしないという決定を踏まえて、原爆のことを日本側にさとられないような文面にしたとも書いています。つまり、スティムソンは、本当は国務省のヴァージョンと同じか、あるいはもっと詳しく日本側にアメリカの原爆のことを「警告」で伝えたかったのです。これに対して国務省のほうは、そこまで考えなかったのか、あるいはこのくらいならば許容範囲だろうと思って、最後の一文を付け加えたのでしょう。もっとも、前述の一文を加えたところで、原爆について知らない日本人にはなんのことなのかさっぱりわかりません。

いずれにしてもグルーはもちろんのことスティムソンも、原爆の使用に事前警告をしない、日本人がもっとも望んでいる皇室維持の保証もしないというトルーマン、バーンズの決定に不満で、それをのちにポツダム宣言となる「降伏勧告・条件提示・警告」を彼らに声明として出させることによって変えようとしたということです。このような事情が「警告」、つまりのちにポツダム宣言となっていくものの成立過程を複雑なものにしているのです。

### 原爆の使用は合同方針決定委員会で正式決定された

これと並行してスティムソンは、アメリカ陸軍少将で最高方針決定委員会メンバーでもあるグローヴスの勧告（111頁）にしたがってイギリス側から原爆の使用について公式的な同意を得る手続きも進めていました。それは6月22日にイギリス側の合同方針決定委員会メンバーであるウィルソン元帥が、同じくイギリス側メンバーであるアンダーソン原子力開発担当大臣に宛てた次の電報からわかります。

「イギリス政府のTA（原爆）の実戦配備についての同意を記録として残すのに合同方針決定委員会の議事録がベストか、合同（米英の）参謀会議の決定がベストかについて、間もなくスティムソンかマーシャルから相談があるだろうとグローヴスが私（ウィルソン元帥）に教えた」[112]

これを読むと、どうやらアメリカもイギリスも日本への原爆の使用が両国の協議による決定であったことを記録に残したいと思っていたようです。事実、イギリス側はこの間の経緯を「日本への原爆使用の決定」（The Decision to Use the Atomic Bomb against Japan）というファイルにして残しています。だから、こうして私が引用しているのです。

不思議なのは、このようなあからさまなタイトルがついているのに、アメリカ側の研究者はもちろん、イギリス側の研究者もこのファイルを研究書や論文に使ってこなかったことです。

イギリスは原爆の使用の決定に関わったということを、隠しはしないまでも、あまり公に広めたくもなかったのでしょう。ファメロもチャーチルが原爆の使用に同意したということを彼の著書の本文には記さず、わざわざ註に回しています。[113]

興味深いのは、グローヴスがイギリス側と直接接触していていろいろ情報を与えていることです。本来なら陸軍長官にして合同方針決定委員会委員長のスティムソンの秘書バンディがイギリス側との連絡にあたるのですが、グローヴスは出たがり屋なのでしょう。

イギリス側の同意を記録に留める話については、1945年6月23日のイギリス大蔵大臣宛のウィルソン元帥の電報にこう出てきます。

「バンディはマーキンズ（駐米イギリス公使）に対して、スティムソンはその兵器を使用する決定を合同参謀会議の議事録として残すことに賛成で、しかもなるべく通常の軍事上の決定に見えるようにしたいといっている。彼（バンディ）は次のように付け加えている。この議事録は、合同方針決定委員会に報告し、そこで各委員にメモしてもらい、それを記録として取っておいてもらうようにしたい」[114]

こうして、アメリカの原爆の使用に対するイギリスの同意は、合同方針決定委員会の議事録に記録されることになりました。

ウィルソン元帥はまた6月28日付のアンダーソン宛の電報でこう伝えています。

「合同方針決定委員会を7月4日に開催するよう手配した。カナダ代表としてハウ氏が出席する。

取り上げられる問題の一つは、日本に対するその兵器の使用に関するケベック協定第

2条の適用についてだ。この適用に関して合意し、それを委員会の記録として残すと確約していただければ幸いだ」[115]

すでにカナダ側にも通知していて、ハウ軍需大臣が出席することが確認されています。やはり、カナダは事実上の協定国なので、このような重要な案件のときには必ず出席していたことがわかります。

さらに6月30日、アンダーソンはウィルソン元帥にこう回答します。

「その兵器を使用することに同意するようあなたたち（ウィルソン元帥）に指示する許可を私は首相に求めた。しかし首相はこの問題はとても重要なので大統領と直接議論しなければならないと感じているようだ。できるだけ早くこの点について電報する」[116]

チャーチルが原爆の使用に賛成であることはハイドパーク会談のときからはっきりしていることですが、ことの重大さに鑑みて、合同方針決定委員会で正式決定したあとも、ポツダムでトルーマンと膝を交えて話し、それをもって確定としたかったのでしょう。

原爆の投下は8月初めの予定であり、その前にポツダムで会うのですから、合同方針決定委員会ですでに決定ずみであっても、なにも話さないというのもかえって不自然です。

事実、チャーチルは同年7月18日にポツダムでトルーマンと原爆のことを話し合っています。

7月2日、アンダーソンはウィルソン元帥に前便で約束した首相の同意を電報で伝えています。

「首相はその兵器を使用する決定に対する同意を次の委員会（合同方針決定委員会）で記録すべきであるという私の提言に同意した。首相はこのことをターミナル（ポツダム会談の暗号名）で大統領と議論することを望むので、委員会はそのこともメモにしておいてもらいたい、と述べた」[117]

この電報でチャーチルがウィルソンに合同方針決定委員会の場で原爆の使用に賛成するよう指示したことになります。これによってアメリカ側の暫定委員会の決定にイギリス側が合同方針決定委員会で公式に同意を示す準備が整いました。

このあと7月4日午前9時30分にペンタゴンで合同方針決定委員会が開催され、アメリカ代表、イギリス代表、カナダ代表の出席のもと「原爆の使用」についてこのように決定します。

「日本に対する原爆の使用

イギリス政府は日本に対するＴＡ（チューブ・アロイズ＝原爆）の使用に同意すると

ウィルソン元帥は述べた。彼は来るべきベルリンの会議（ポツダム会談）で首相が大統領とこのことを話すことを望んでいると付け加えた。

合同方針決定委員会はイギリス政府とアメリカ政府が、後者による日本へのＴＡの使用に対し同意し、かつ、前者の同意はヘンリー・メイトランド・ウィルソン元帥によって伝えられたと記録した」[118]

やはりここでも記録を残すことにこだわっていますが、この件に関してはイギリスも当事国であることを示すほかに、ケベック協定は順守され、このあともこの協定は続くのだということをアメリカ側に念を押す意図もあったのでしょう。

こうして、暫定委員会でアメリカ側が出した決定は、合同方針決定委員会でイギリスの同意を得て、かつカナダ側から異論が出なかったことをもって、ケベック協定3カ国の正式決定となったのです。これによってもはやアメリカ政府トップのトルーマンといえども、再びこの委員会に諮ることなく勝手に決定を変えることは、外交上はできなくなりました。

## 招かれざる客スティムソンのポツダムでの暗闘

このあとのポツダム会談の成り行きを暗示する事実があります。それはスティムソンが会議のメンバーから外されたことです。海軍長官のジェイムズ・フォレスタルも外れているのですが、国務長官のバーンズは入っています。陸軍参謀総長のマーシャルも入っていました。

ベルリン郊外のポツダムで米英ソの首脳が一堂に会して、戦後体制について話し合おうとしたポツダム会談が開かれたのは7月17日から8月2日。まさにこの最中、7月16日には、初めて原爆の実験が米国本土ニューメキシコ州で行われ、成功しています。

スティムソンが総責任者となっている原爆の実験が行われ、彼が作成し大統領に持たせた日本への警告・降伏勧告・条件提示のこともあるにもかかわらず、スティムソンが外れているのは不自然です。原爆の使用の仕方を決めた5月31日から次第に、そしてスティムソンが皇室維持条項を復活させたころからははっきりと、トルーマンとスティムソンの間がぎくしゃくするようになった、ということに注目してください。

にもかかわらず、数十万のアメリカ軍の将兵、日本軍の将兵、日本の民間人の命にかかわることを認識しているスティムソンは、プライドをかなぐり捨てて、あえて7月15日に自らポツダムに乗り込みました。原爆の実験のことをいち早く大統領に伝えるというのがいい口実になりました。

7月16日、スティムソンは原爆実験の成功の第一報を自分の口からトルーマンに伝えます。その一方で、彼はその前にもう一件、日本の特に広島と長崎の人々の運命を変えていたかもしれない情報を得ていました。これまでほとんど注目されてこなかったポイントですが、彼の日記にはこうあります。

「私は日本人の和平工作についての重要な文書を受け取った。日本に対して警告を始める心理的に見ていい時期にさしかかっているようだ。……日本の側からロシアにアプローチを試みているという最新のニュースが届いているので、早く警告を出さなければならない。

午後7時30分、ハリソンの原爆に関する最初のメッセージが届いた。私はすぐにそれを大統領の宿舎にもっていきトルーマンとバーンズに見せた。情報はまだおおまかなものだが2人はもちろんとても興味を示した」[119]

スティムソンは、まさしく原爆の実験が成功する直前に、日本が降伏しつつあるということを知ったのです。そして、彼は同じく配布先に指定されている大統領にも同じ情報が届いていることも承知していました。その情報の少なくとも一つは、スイスの戦略情報局支局長アレン・ダレスが送ってきた次のようなものでした。

「1．岡本中将（清福、陸軍）と加瀬（俊一）公使は日本の参謀本部と直接秘密電報をやりとりしている。それによれば、陸軍参謀総長梅津美治郎も海軍大臣米内光政も外務大臣東郷茂徳もいまや和平派になっている。

2．岡本と加瀬と相談した横浜正金銀行の北村孝治郎と吉川（侃）は、無条件降伏方針についてはもはや問題はない。ただし、陸軍と海軍の無条件降伏で十分なのではないか、また、無条件降伏を実行するためにも天皇は必要だとも感じている。

3．北村は二つの点についてダレスの意向を探ってくれとヤコブソン（ペール・ヤコブソン。スウェーデンの銀行家）にメモランダムを渡した。

（1）天皇の存続。

（2）一八八九年（明治）憲法への回帰。

そして、東京が交渉手続きを進め、連合国側と対話をすることになったとき、どのような権限を与えられていればいいかときいていた。

4．これらの日本人グループの動きが然るべき権威の後押しを受けたものかは2、3日中に明らかになる」[120]

この報告のように、岡本と加瀬は本国に何度か電報を送っていました。そのことはトルーマン（及びバーンズ）も戦略情報局情報（大統領、陸軍長官、海軍長官、国務長官、統合参謀本部長などに供給されていました）から知っていました。

前にバードが同意を6月27日に覆して原爆の無警告使用に反対したことに触れましたが（122頁）、彼はそう述べた文書で「私はこの数週間、日本が降伏のきっかけを探しているという印象を強く持っている」とその理由を述べています。[121] つまり、彼が同意を翻した理由の一つは、戦略情報局やマジック情報（陸軍通信情報部〔U. S. Army Signals Intelligence Service〕が日本暗号外交電報などを解読し、日報にまとめて大統領以下、閣僚に提供していたものです）などから、日本はまもなく降伏すると考えたからです。だから、警告をしたあとで、一般市民が犠牲とならない原爆の使用の仕方で十分だと思ったのです。

事実、日本側もポツダム会談が日本の運命にとって重要な会議になると思って、6月下旬ころから終戦への動きを活発化させていました。特に7月7日以降、日本の降伏に関する重要な情報が戦略情報局情報のほかにマジック情報でもスティムソンと大統領ら政権幹部のもとに届いていました。

それによれば、東京の東郷外相は、モスクワの佐藤尚武駐ソ大使に三者会談（ポツダム会談）が始まる前にあらゆる手段を講じてソ連を和平交渉に引き入れよと命じています。7月11日には東郷は佐藤に緊急電報を打って「状況の切迫により我々は密かに戦争終結を考慮している」と告げています。12日には、やはり緊急電報で「天皇の戦争終結の意思をロシア（ママ）側に伝えて、三者会談の前に交渉を進展させよ」と指令しています。13日にも緊急電報で「天皇の戦争終結の『懇願』を14日にモロトフ外相がポツダムに発つ前に伝えよ」と指令しています。[122]天皇が戦争の終結を「懇願」したという部分には、アメリカ軍関係者たちも息を飲みました。

これらの日本の終戦に向けての動きに関する情報は、スティムソンやマクロイが伝えるまでもなく、頻繁に直接にトルーマンのもとに届けられていました。

ポツダム会談のとき大統領に付き従っていた補佐官ジョージ・エルジーはトルーマン大統領図書館所蔵の口述記録のなかでこういっています。

「ワシントンからきわめて高いレヴェルの極秘の連絡がありました。大統領はもちろん和平交渉に関するものはほとんどリアルタイムで受け取っていました。つまり、舞台裏で日本が行っているロシアとかその他が関わっている和平の動きです」[123]

とりわけダレス発のこの電報は、梅津、米内、東郷ら最高戦争指導会議のメンバーの名前も出てくるうえ、無条件降伏の方針についてはもう何もいわないとしています。マジック情報も、天皇が戦争終結を「懇願」していると伝えてきました。このタイミングをとらえて皇室維持の条項の入った「警告」を出せば、日本が降伏に向けて動く可能性はきわめて大です。

そこで、まずスティムソンの部下のマクロイが大統領に「警告」を出させようとしました。マクロイの7月16日の日記にこうあります。

「朝食のすぐあと陸軍長官とハーヴェイ・バンディ（スティムソンの副官）に会う。陸軍長官が国務長官に会う準備のため。今朝、日本のロシアへの接近についての続報が入る。今なら、彼らへの警告は効き目がある」[124]

スティムソンはこの翌日の7月17日にバーンズと会いました。そして、すぐに大統領に「警告」を出すことを勧めます。つまり、ソ連の参戦後に出すとしていたのを変更したのです。

これは、日本が降伏しつつあるという情報を複数受け取ったことと、原爆の威力が相当のものだということを実験結果から確かめた結果だと考えられます。のちに世界から後ろ指を指されることになる原爆の無警告使用を避けるためなら、皇室維持条項付きの「警告」によって日本が降伏してしまい、その結果、原爆を使う機会が失われても仕方ない、というのがこの時点でのスティムソンの考えでした。

それ以前の彼の立場は19億ドルもの巨額の資金を費やしたプロジェクトなのだから、とにかく完成させ実戦で使おうというものでした。しかし、ここへきてそうした呪縛から彼が脱したことを意味します。原爆の目的が戦争終結を早め、将兵の損失を少なくするということなら、同じ目的を達成するこの警告・降伏勧告・条件提示を先に試すべきなのです。その結果、原爆を使用する機会が失われても、目的が達成されればそれでいいのです。

アメリカのマスコミや議会からあるいは叩かれることになるかもしれませんが、原爆の犠牲となる日本人のことを考えると仕方ありません。敵国人といえども人命は尊いのです。そしてなにより、自らが開発最高責任者である原爆が戦争犯罪と結び付けられるようになることは避けなければなりません。

## バーンズとトルーマンはどうしても原爆を使いたかった

ところが、バーンズの答えは「警告を前倒しですぐに出すのは反対だ」というものでした。バーンズはその理由としてタイムテーブルを口にしました。そして彼は、これに関して大統領の承認を得ているというので、スティムソンはこのときはそれ以上彼に迫ることをしませんでした。[125]

このタイムテーブルとは、スティムソンがトルーマンに説明したように、ソ連の参戦ののちに「警告」を出すというものです。しかし、これは日本が降伏の動きを起こさないことを前提としたもので、状況が変わったのですから、前提条件も変えてしかるべきです。

そこでスティムソンは、晩餐会でトルーマンをつかまえて、直ちに「警告」を出すよう直訴しようとしますが、マクロイはこれについても悲観的でした。彼の17日の日記にはこう書かれています。

「陸軍長官は大統領と夕食するために出かけた。だが、大統領と話をする十分な機会を彼が得るのはむずかしいだろう。日本の問題がこれほど切迫しているのに不幸なことだ。日本に崩壊が突然起ころうというのに、すべきことが多すぎるのだ」[126]

たしかに、この17日にトルーマンの心を占めていたのは、タイムテーブルにも影響するソ連の対日参戦でした。その言質をスターリンから取ろうとしていたのです。そして、トルーマンはそれに成功しました。当日の日記にはその達成感から「彼（スターリン）は8月15日に対日戦争に入るだろう。そうなればジャップたち（原文のママ）は終わりだ」と書いています。[127]

彼は翌日の7月18日の日記には「ジャップたちはロシア（ママ）が参戦する前に降伏するだろう。マンハッタンが本土上空に現れればジャップたちはそうするに違いない」と書いています。[128]つまり、日本はすでに降伏しようとしているので、原爆の使用だけで降伏させられると信じたのです。

トルーマンはこの日の日記に「首相（チャーチル）と私は2人きりで食事した。原爆のことを議論した。そのことをスターリンに話すことを決めた」と書いています。ということは、原爆のことをチャーチルとじっくりと話したのです。6月21日の暫定委員会では、スティムソンが適当な機会を捉えてトルーマンにアメリカの原爆使用をチャーチルに伝えるように要請することが決まっていました。[129]その通りにしたということは、どこかの時点で（おそらく原爆実験成功のあとで）スティムソンがきちんとトルーマンに、原爆使用の意思をチャーチルに伝えるよういったことになります。

一方、前に見たように、チャーチルの方もポツダムでトルーマンと原爆のことを話すことを条件に6月30日と7月2日にアンダーソンにアメリカの原爆使用に賛成する承認を与えています。イギリスが正式に同意した7月4日の合同方針決定委員会でもウィルソン元帥が、チャーチルはポツダムで大統領と話し合う意向だと断っています。つまり、両首脳はここで、まえまえからの取り決めにしたがって、日本への原爆使用の最終確認をしたのです。事前に話し合う内容や方針が大よそ決まっているのは外交では普通のことでしょう。

それと同時に、懸案であったスターリンに原爆のことを告げることも相談し、両者ともそれに同意しています。

さらに、マクモラン・ウィルソンの日記によれば、彼らは次のようなことも話しています。

「私（チャーチル）は日本に無条件降伏を強いることで生じるアメリカ兵の途方もない犠牲とそれよりは少ないイギリス人の犠牲について強調した。私の心にあったのは、彼らに征服者に対する権利を与えたうえで、国としての存続を保証し、軍事的名誉を保たせてやることだった。これに対し大統領は真珠湾攻撃以降、ジャップたちに軍事的名誉などないといいかえした」[130]

真珠湾攻撃への言及は前述のように8月6日の原爆投下後の大統領声明、8月9日のカヴァートの手紙への返信のなかにも見られます。

チャーチルは無条件降伏という方針を緩めて、独立国家としての存続や軍事的名誉（つまり無条件降伏ではない有条件降伏）を認めて日本を降伏にみちびき、アメリカとイギリス将兵の犠牲を少なくしてはどうかといっているのですが、トルーマンは拒否します。ここでも彼の真珠湾攻撃に対する復讐心の強さがわかります。

### トルーマンはチャーチルと原爆の国際管理について話し合うことを避けた

マクモラン・ウィルソンの23日の日記によれば、このあとチャーチルは「それは日本に使用されるだろう。軍隊にではなく、都市に。われわれ（アメリカとイギリス）はロシア（ソ連）にそれを告げずに日本に使用するのはよくないと思った。だから、今日話すことになるだろう」と主治医にいいます。[131]

この「軍隊にではなく、都市に」という部分は、トルーマンとこのことを話したことを示唆しています。つまり、ターゲットを「軍隊」にするのか「都市」にするのか2人の間で議論があったということです。トルーマンは原爆の目標が軍事基地ではなく、都市だとチャーチルが認識するような発言をしたのです。

これはマクモラン・ウィルソンがこのことを日記に書いた23日ではなく、チャーチルとトルーマンが2人きりで話した18日の会談の内容を踏まえているのでしょう。「ロシアに告げずそれをするのはよくない」といっているように、ソ連への原爆保有の告知のことにも触れているので、ますますこれは18日に2人が話した内容を念頭においてチャーチルが話した可能性が高まります。

またスターリンには「今日話すことになるだろう」といっていますが、実際には、トルーマンは23日ではなくその翌日に「異常なまでの破壊力をもった新兵器」の保有を告げています。

アメリカ側の暫定委員会でスターリンに原爆の保有について知らせることになっていましたので、トルーマンはそうする前の7月18日にチャーチルの了承を得ようとしたようです。チャーチルはとにかく原爆について何かをスターリンに教えることに反対していたからです。

ほかにも重要なこと、たとえばソ連への原爆の情報提供や国際管理などを話したかもしれないのですがマクモラン・ウィルソンの7月23日の日記ではこうなっています。

「私はもしロシア人がそのアイディア（原爆）を手に入れて、追いついたらどうなるでしょうかと訊ねた。首相は、それはありうる、しかし、3年間は追いつけないだろうから、その期間のうちになんとかしなくてはならないといった」[132]

これは国際管理のことなども話した可能性を示しているのですが、断定できる記述はありません。記録に残すべき話はなかったのだとすれば、すでに決定済みの事項の確認で、新たに重要なことについては触れなかったということになります。

実はこの直前に行なわれた総選挙の結果、チャーチルは間もなく首相の座を降りることになっていました。そういう相手と話をしても話が宙に浮くことになるので、国際管理などといった大きなテーマは話し合われなかった、と考えるほうが自然でしょう。

さらに18日のトルーマンの日記は、スターリンが日本の天皇が和平を懇願する電報を送ってきていることをチャーチルにすでに告げていたこと、そしてこの電報に対するソ連の回答をトルーマンに読み聞かせたことを記述しています。前に見たように、スターリンから聞くまでもなく、トルーマンは戦略情報局情報やマジック情報で知っていたのです。

このように18日のチャーチルとの原爆についての議論の過程で、トルーマンは依怙地になって日本を無条件降伏させる意思を固め、しかもスターリンからも天皇が和平を切望していると聞かされ、日本がまもなく降伏するという確信をいよいよ深め、原爆だけで十分で、それ以外の代替案つまり「警告」とソ連の対日参戦はもう必要ないという結論に至ります。

例によってバーンズを間に入れて、直接スティムソンに向き合おうとしないのも、彼が自分の意に反してポツダムに押しかけてきていることもあるでしょうが、うっかり会って皇室維持条項が入った「警告」を成行きで出すことになってしまったら、自分が考えていた通りにできなくなるからです。

**原爆を手に入れてトルーマンは舞い上がってしまった**

原爆という切り札をもったことでトルーマンは、舞い上がってしまいました。それをスティムソンは7月22日の日記にこう書いています。

「彼（チャーチル）は昨日の三巨頭会談でトルーマンが何かにかなり勇気付けられてい

たことに気づいた。そして彼（トルーマン）はロシアに対して断固として立ちふさがり、いろいろな要求に対しては絶対それらを与えるつもりはない、アメリカはまったくロシアに反対すると断言したと私（スティムソン）に語った。そして、チャーチルは私にこのようにいった。『これでトルーマンに昨日何があったのかわかった。昨日はわからなかったのだが。彼がこの報告書を読んだあとで会議に来たときすっかり別人になっていた。彼はロシア人にどこで乗り、どこで降りるかを指図していた。そして会議全体を仕切っていた』」[133]

さらにトルーマンは、もはやソ連の参戦はいらないということを確かめるため、7月23日の朝にスティムソンやマーシャルやその部下と話し合います。彼らの説明によると、ソ連の参戦が必要なのは、アメリカが本土上陸作戦を行うとき満州にいる関東軍が日本本土に移動して日本軍に合流するのを防ぐためだが、すでにソ連軍は満州国境に集結していて関東軍は動けないので、必ずしも必要ないかもしれない。ただし、ソ連軍が満州に侵入して欲しいものを手に入れることはどうしようもないだろうということです。つまり、ソ連が満州に入り込むことを防止する効果はないが、日本を降伏させるためだけなら原爆の使用で十分だというのです。

回顧録によれば、7月24日になってようやくトルーマンはスターリンに「異常なまでの破壊力をもった新兵器」を持っていることを告げます。この言い方にはあきれます。暫定委員会の決定にもかかわらず、さらに前日チャーチルから同意をとっているにもかかわらず、戦後のソ連との関係を考えれば、いわないわけにはいかないにもかかわらず、「原爆を持っている」といっていないのです。この期におよんでもなお、スターリンに原爆のことはできるだけ教えたくないと思っているのです。[134]

これに対してスターリンは「それを聞いてうれしい。これを日本に対して有効に使うことを望んでいる」[135]と答えたということです。このそっけない反応を見た周囲の人々は、トルーマンが原爆のことをいっているのだとスターリンは気づいていないと思ったそうです。

実際にはソ連はマンハッタン計画に参加していたイギリス人科学者クラウス・フックスを通じてアメリカが原爆を開発していることは知っていました。[136]だから、スターリンはトルーマンのいっていることがわかっているのですが、わざと無関心なふりをしたのです。ただし、その実験が16日に行われ、成功したことまでは知りませんでした。そして、そのことで秘密警察長官のラヴレンチー・ベリヤを責めました。

## トルーマンは「警告」をポツダム宣言に流用した

同日の24日、トルーマンは原爆投下命令書に承認を与えます。現代史でもハイライトとなるべき場面をスティムソンは実にあっさりと日記に記述しています。あまりにもあっさりしているので気づく人がほとんどいないほどです。

「それから私は昨晩ハリソンから送られてきた作戦実施（原爆投下）の日付を伝える電報を彼（トルーマン）に見せた。彼はこれこそ私が欲しかったものだ、とてもうれしい、これで警告を出せるといった。彼は、蔣介石に宣言に加わるかどうか訊くために蔣介石に送ったところだ、蔣介石の承認があり次第、警告を出すつもりだ、そうすればハリソンから受け取った日程とタイミングが一致すると彼はいった」[137]

前に見たように、トルーマンはスティムソンに「警告」を出すようせっつかれていました。そしてバーンズを通じて、まだ少し早いと伝えていました。そのバーンズが、この前日（23日）にわざわざスティムソンのところに投下予定日はいつになるか訊きに来ています。それによって大統領が「警告」を出すタイミングを、もはやソ連の参戦時期とは関係なく、決めようというのです。そこでスティムソンはハリソンに投下予定日を伝えるように前日に電報を打ち、この日返信が来たので、大統領に投下予定日を報告しにきたというわけです。

この文脈で「これこそ私が欲しかったものだ、とてもうれしい」といえば、スティムソンでなくとも誰でも、原爆投下の予定日の承認、そして投下の承認ととります。仮に承認しないならば、あるいは前提条件があるのならば、このときにいえばいいからです。それをいわずに極めて肯定的なことをいったのですから、そのまま承認したということになります。

そしてハリソンは8月初旬が投下予定日だといってきているので、このあとすぐ「警告」を出せば、日本に1週間から10日ほどの猶予を与えることになります。

実際、スティムソンは、この24日のうちにトマス・ハンディ陸軍参謀総長代理が同日に出した投下命令書に了承を与えるよう、マーシャルに伝えます。これで、猶予期間のあいだに日本がポツダム宣言を受諾しなければ、原爆が投下されることになりました。ここまではスティムソンに不満はなかったと思います。

しかし、このあとスティムソンは到底受け入れられないことをトルーマンから聞かされます。スティムソンの日記によれば大統領はこういっています。

「そこで（「警告を出す」といったので）私（スティムソン）は日本人に天皇制がどうなるかについて保証することの重要性を説いた。私はこれを警告文に入れるかどうかは、日本人が警告を受け入れるかどうかを決めるうえで重要だといった。だが、私はバーンズから、それ（天皇制存置条項）を入れたくない、もう蔣に送ってしまったのだから変えることはできないと聞かされた」[138]

トルーマンとバーンズは「警告」から皇室維持条項を削除してしまっていたのです。スティムソンがいっているように「これを警告文に入れるかどうかは、日本人が警告を受け入れるかどうかを決めるうえで重要」であり、もともとグルーが部下のユージン・ドゥーマンに作らせた「降伏勧告・条件提示」でもこれこそが眼目だったのです。

しかし、トルーマンとバーンズにしてみれば、条件のなかでもっとも日本人がこだわっている重要なものだからこそ削る必要があるということになります。これを含めては日本がポツダム宣言を即座に受け入れて降伏してしまい、原爆の投下によって真珠湾攻撃の復讐をすることができなくなるからです。つまり、今やトルーマンとバーンズにとっては、これ以上の戦争の犠牲者を出さずに日本を降伏させることではなく、原爆を使用することが目的となってしまっていたのです。

これはスティムソンやグルーたちがしてきた努力を無にするものだといえます。彼らが原爆のほかに「降伏勧告・条件提示・警告」とソ連の参戦という代替手段をとれるようにしてきたのは、終戦を早め、犠牲を少なくするためでした。

しかし、日本側が降伏へ向けてすでに動いているので、皇室維持条項の入った「警告」だけで十分で、あとの代替手段、つまり原爆とソ連の参戦はいらなくなる公算が高くなりました。

原爆の使用もソ連の参戦も日本側に数十万人の犠牲者を出すのですからこれは結構なことです。原爆の使用のあと、現在までに広島で30万8725人、長崎で17万5743人、併せておよそ48万人の方が原爆死没者名簿に登録されています。[139]ソ連軍による満州・樺太・千島への侵攻によって21万5000人の死者（シベリア抑留の死者は含まない）と57万5000人のシベリア抑留者（うちおよそ1割が死亡）がでています。[140]

ですから当然この「降伏勧告・条件提示・警告」で日本を降伏させるべきなのです。たしかに皇室維持条項を含めてしまったのでは無条件ではなく、有条件のイメージが強くなりますが、そもそもポツダム宣言自体が条件提示なのです。ここを譲ったところでこの宣言の意味がどれだけ変わるでしょうか。それに、結局、トルーマンは戦争のあとも皇室を廃止しませんでした。

ところが、この2人は、日本側に膨大な数の犠牲者を出す原爆投下のほうを選び、犠牲を出さないで済むほかの代替手段のほうを捨てようとするのです。これは合理的でも理性的でもない判断であり、戦争犯罪になります。やはり、もともと日本人に対する人種的偏見があるところに原爆実験の成功で舞い上がって理性的な判断ができなくなってしまっていた、としか考えられません。

あるいは、トルーマン擁護派の歴史研究者ならば、トルーマンとバーンズが皇室維持条項を削除したのは、7月17日、18日に合同戦略調査委員会や統合参謀本部が大統領にそうするよう勧告したのでその通りにしただけだというかもしれません。しかし、7月17日の合同戦略調査委員会で削除を検討するときリーヒ（大統領の軍事顧問）は、「このことはすでに政治的レヴェルで考慮され、問題の箇所を削除する決定がなされている」といっています。つまり、軍事の専門家たちが自らのイニシアティヴで勧告案を議論したのではなく、トルーマンとバーンズの意向を忖度するように仕向けられていたといえます。

したがって、トルーマンとバーンズは合同戦略調査委員会や統合参謀本部の勧告にしたがったのではなく、これら軍の上層部にこういった勧告を出すよう促したのです。トルーマンとバーンズとは、そういう政治家なのです。[141]

### スティムソンの粘り腰

さて、スティムソンは皇室維持条項の重要性をよく認識しているので、なおもねばってトルーマンにこういいます。同日、7月24日の日記にはこうあります。

「是非ことの推移を注意深く見守り、もし日本人がこの一つの点（天皇制存置）にこだわって降伏をしぶるようであれば、外交チャンネルを通じて天皇制を保証するようにお願いします」

これに対してさすがのトルーマンもこういいます。「そのことを心に刻んでおき、そうなるようにしよう」

さらにスティムソンは同日、原爆の実験成功後、京都を原爆のターゲットにするべきだ、といってきたグローヴスの要請を7月21日に却下した理由をトルーマンに説明します。なぜなら、彼は陸軍省のトップですが、トルーマンはアメリカ軍全体の総司令官なので、報告し、承認を取り付けるのが正式なやりかただからです。

スティムソンは、こういいました。

「もし（京都を目標から）はずさなければ、このような非道な行為から生まれた憎悪は、長い戦後の期間に、日本人がアジアで（ロシア人ではなく）アメリカ人と和解することを不可能にするだろう。そのような憎悪を生まないことが、私たちの政策が要求していたこと（つまりソ連参戦）を防ぐ方法だ。つまり、ロシアが満州に侵攻してきたとき日本人はアメリカに共感するようになる」

トルーマンは皇室維持条項を削除したこともあり、これを受け入れます。しかし、皇室維持条項は削除されたままでした。

こうして、皇室維持を条件として提示し日本を降伏させるために考えだされた「条件提示・警告」は皇室維持条項が削除されポツダム宣言として出されることが確定してしまいました。

## ポツダム宣言はソ連に北方領土を与えていない

私たち日本人は、ポツダム宣言はポツダム会談で三巨頭が話し合った結果を共同声明で出したものだと思っています。しかし、これまで見てきたようにそう単純なものではありませんでした。会議の途中でイギリスの選挙の結果がわかってチャーチルが退陣することになりました。そういうことを想定して次期首相のクレメント・アトリーがポツダムに来ていましたが、すぐに交替というわけにはいきません。

トルーマンは原爆を手に入れ、これを使って日本を降伏させ戦争を終わらせたあとのほうが状況は圧倒的に有利になるので、アトリーとポツダムでいろいろ話し合うつもりはありません。

アメリカはイギリス代表と相談したうえでソ連と話し合うという順序をとりますから、これではスターリンともこれ以上話すことはできません。また、会議の3カ月前、4月23日にトルーマンはソ連のモロトフ外相とポーランドの扱いについて大喧嘩していました。それだけに東ヨーロッパの問題やヤルタ極東密約のことを議論すると、かなりもめることが予想されました。

しかし、原爆が手に入ったことで自分たちの交渉力は増した、とトルーマンとバーンズは考えました。これを日本に使い、威力を見せつけたあとでソ連と交渉するほうが有利になると彼らは思ったのです。特にバーンズは、あとで見るように、この後でロンドンで米英ソの外相会議を開くことを決めていました。

ですから、ポツダム会談は三巨頭がただ顔を見せ合って、話し合っただけで、声明として出すようなことは何も決めていません。このためトルーマンも声明の出しようがなくて困っていました。

そこでトルーマンは、スティムソンがしつこく出せといってきていた「警告」を流用することにします。前にも述べたようにトルーマンは無条件降伏方針にこだわっていましたから、降伏勧告・条件提示の内容を持つこの「警告」をあまり出したくなかったのですが、ポツダム会談でほとんど議論ができず、宣言も出せそうにないという事情になっていたタイミングでスティムソンの要請がきたのです。実は、ソ連側も宣言案を用意してきていたのですが、トルーマンはそれを一切無視して、一方的にプレスリリースしてしまいました。

こういう事情なので、ポツダム宣言の文書にはアメリカ大統領、イギリス首相、中国(中華民国)元首の署名欄はあるのですが、ソ連元首の署名欄はありません。つまり、ソ連は除外されたのです。

3カ国首脳の署名欄もすべてトルーマンが署名しています。「警告」をポツダム宣言に流用することになったので、このようなとんでもない不備が起こったのです。

ここは重要ですので忘れないでください。ポツダム宣言はソ連を排除しているばかりか、米英中3カ国が話し合って同意した内容ですらないのです。[142]

したがって、のちにソ連は「日本がポツダム宣言を拒否した」といって日本に宣戦布告し、あたかもソ連がポツダム宣言の署名国であるかのようにミスリードしますが、正しくは、「日本はソ連が除外された米英中3カ国共同の降伏の呼びかけを無視して」とするべきです。また、この宣言は第8条でカイロ宣言に言及し、それが守られるといっていますが、ヤルタ宣言（極東密約を含めて）には何も言及していません。つまり、ポツダム宣言は、これまでのトルーマンの振る舞いを見てもわかりますが、ヤルタ協定を明確に否定してはいないものの、肯定もしていないのです。

また対日参戦に関しても、7月29日にモロトフが「米国と英国とその他の連合国からソ連政府に対して対日参戦の要請書がほしい」と要請したとき、バーンズは「モスクワ宣言第5項と国連憲章103条と106条で十分なのでその必要はない」と拒絶しています。[143]

国連憲章第106条は、国連憲章第42条にある「国際平和及び安全の維持」のための武力の行使を第43条にある国連の加盟国の間で特別協定を結ぶという条件を満たさなくても、モスクワ宣言に加わった4カ国（米、英、ソ、中）と協議して暫定的に行使できるとしたもので、第103条は国連憲章が他の国際協定よりも優先すると定めたものです。モスクワ宣言の第5項も4カ国が「国際の平和及び安全の維持」のための共同の武力行使を互いに協議するとしています。

つまり、バーンズは、いずれ話し合って協定書を作るから要請書は不要だ、としたのです。しかし、トルーマンとバーンズは、日本に対する武力行使の協議もせず、協定書も作らないまま、ポツダムを去ってしまいます。

トルーマンは「米国と連合国は、ソ連を日本との中立条約に違反させる義務を負っていない」と彼の回顧録で書いています。バーンズも回顧録で「日本の降伏が近くに迫っており、われわれはもちろんソ連を戦争に参加させたくなかった」と真意を語っています。[144]

つまり、トルーマンとバーンズは、ヤルタ極東密約を引き継ぎたくないので（あとでこの密約が議会から糾弾されることは目に見えているので）、ソ連は連合国の合意を得ることなく、勝手に対日参戦したということにしたかったのです。そして、結局、そうなったのです。

もともとカイロ宣言にしても、ヤルタ宣言にしても、ポツダム宣言にしても、議会の承認を得ていないので、密約にすぎませんが、ポツダム宣言の場合は日本が受諾することによって効力を持ちました。

その一方、ヤルタ極東密約、つまりソ連に対する南樺太の返還、千島列島の引き渡しを決めた協定はポツダム宣言に引き継がれていないうえ、ポツダム宣言第8条にある「本州、北海道、四国、九州およびわれわれの決める小さい島」の「われわれ」に署名国ではないソ連は含まれません。つまり、ソ連は南樺太および北方四島を含む千島列島を占拠するいかなる国際法上の根拠も持っていないということです。アメリカ議会はとどめを刺すために1951年、サンフランシスコ講和条約を結ぶ際に正式にヤルタ極東密約を破棄しています。

ソ連や、その意を受けた日本の政治家やマスコミのプロパガンダのせいで日本のかなりの人々が、ソ連が北方四島をふくむ千島列島と南樺太を占拠しているのはヤルタ宣言やポツダム宣言に基づいている、つまり合法なのだと思い込んでいますが、それは間違いだ、とここではっきり指摘しておきます。ソ連およびその後継国ロシアに対しては、これらの島および半島の南部はかつても今も日本の領土です。

したがって、ロシアは、アメリカが沖縄、小笠原諸島をそうしたように、これらの領土を日本に返還しなければならないのです。返還しないのであれば、日本政府はいつの日かロシアから取り返さなければなりません。そして、そこに住んでいた日本人の子孫に返還する義務があります。このことをよく心に刻んで忘れないようにしましょう。忘れたとき、あるいはどうでもいいと思ったとき、また、そのようにいうタレントや政治家をもてはやすとき、日本は本当の意味でこれらの領土を失うのです。

### 日本側はなぜポツダム宣言を即時受諾できなかったのか

さて、これまで日本側のことはまったく書いてこなかったのですが、これ以降は日本側の動きも重要になってきます。原爆の使用の「警告」にはなっていないとしても、以前は、アメリカは無条件降伏せよとしか言わなかったのに、「警告」、すなわちポツダム宣言によって、降伏勧告と条件提示をしたのですから、これは大変な譲歩です。しかも、明言はしていないものの皇室の維持を認めている、と読める条文もあります。

「第12条　日本国国民が自由に表明した意思による平和的傾向の責任ある政府の樹立を求める。この項目並びにすでに記載した条件が達成された場合に占領軍は撤退するべきである」

この「日本国民が自由に表明した意思による平和的傾向の責任ある政府」の部分は、国民が自由に表明すれば立憲君主制のもとで皇室が存続できることを暗にいっているのです。決してこじつけではありません。そのメッセージは当時の日本政府にも通じていました。だから、日本はこのことを確認するために駐スイス公使加瀬俊一などにインテリジェンスを収集させています。その結果は、確実ではないものの、皇室の維持を認める可能性が大きいということでした。これを踏まえて、日本側はこの宣言をどう受け取り、対応したのでしょうか。

ポツダム宣言を読んだ東郷茂徳外相は、のちに『時代の一面』に「『我等の条件は左の如し』（ポツダム宣言第5条の最初の言葉）と書いてあるから、無条件降伏を求めたものに非ざることは明瞭であって、これは大御心が米英にも伝わった結果、その態度を幾分緩和し得たのではないかとの印象を受け……」[145]と書いています。ということは、スティムソンやグルーたちが伝えようとしたことをしっかり読み取ったのです。彼は27日の午前に参内して天皇に「この宣言に対する我が方の取り扱いは内外共に甚だ慎重を要すること、殊にこれを拒否するが如き意思表示を為す場合には重大なる結果を惹起する懸念があること……」と上奏します。東郷はスイスなど中立国からアメリカ側の動きや意図について情報を得ていたので、戦争指導者のなかで木戸幸一内大臣や米内光政海軍大臣とともにアメリカ側のメッセージを理解できた数少ない戦争指導者でした。[146]そして、そのインテリジェンスを天皇と共有していました。[147]

降伏条件である皇室の維持についてある程度の確信を得た東郷としてはただちにポツダム宣言を受諾し降伏したかったのでしょうが、問題はこの当時日本がソ連を仲介としてアメリカ側と降伏条件交渉をしようとしていたことでした。[148]ですから東郷は、ソ連の対応を見極めるまで「ノーコメント」として回答を引き延ばすつもりだったのです。

もし、ソ連が仲介に乗り気で、しかもそれによって連合国軍、特にアメリカから皇室維持以外にも条件を引き出せる公算が大きいなら、こちらを選び、もしソ連の仲介の見込みがないか、あっても条件があまり変わらないのなら、あきらめてポツダム宣言を受諾して直接アメリカに降伏するつもりでした。

ところが、これを即座に拒否しないと軍の士気にかかわるとして陸軍が首相の鈴木貫太郎に迫ります。鈴木はこの圧力に屈して「黙殺する。最後まで戦う」と答えてしまい、さらにこれを日本のメディアが海外に発信しました。

日本ではこれが誤訳されたという説を唱えている人がいますが、そうとはいえないと思います。それに、こういうとき日本は決まり文句のように「最後まで戦う」と一言付け加えるので、これでアメリカ側は拒否と受け取っているのです。戦後、グルーやグルーの部下ユージン・ドゥーマンは、この鈴木の黙殺発言をとても悔しがっていました。[149] 彼だけでなくグルーとともに「降伏勧告・条件提示」作りをしてきた国務省極東課のメンバーはみな同じ思いだったと思います。

しかし、指摘しておかなければならないのは、東郷の考えた通りノーコメントで通しても残念ながら結果は変わらなかったということです。すでに投下命令がくだされていますから、保留では作戦は進行していってしまいます。

投下以前にポツダム宣言を受諾することを表明しなければ、止めることはできなかったのです。かえすがえすも皇室維持条項が削除されたのは残念なことでした。この条項があれば、日本側の対応はもっと積極的になっていたでしょう。

理論的には、この条項がなくとも、この段階で日本の戦争指導者たちは、ソ連の仲介をあきらめ、ポツダム宣言受諾による降伏をすることは可能だったのですから、この部分では彼らの責任を認めなければなりません。

天皇の御聖断もこの段階であったならば、原爆投下もソ連の参戦もなかったことはたしかです。ただ、繰り返しますが、天皇を含め日本の戦争指導者はソ連の仲介による和平を優先順位の第1位にしていたのです。

**原爆はなぜ2発続けて投下されたのか**

7月24日、原爆投下指令書がハンディからアメリカ陸軍航空軍司令官のカール・スパーツに送られます。[150]そして翌日、これに参謀総長のマーシャルを通じて電報で陸軍長官スティムソンの承認が伝えられます。[151]

日本ではよく、ポツダム宣言を発する前に原爆投下の指令が出されていたことを問題にしますが、実際には前日の原爆投下指令書はスティムソンの承認を得て25日に正式なものになったのですから、ポツダム宣言と原爆投下命令はほぼ同時なのです。また、もしポツダム宣言に対して日本が肯定的な反応をしていたなら、スティムソンは喜んで投下命令を保留ないし、取り消していたでしょう。それは大統領も了承せざるを得ません。

命令が先に出ているのだから日本が受諾しても、しなくても原爆を使用していたと考えるのは間違っています。問題はそこではなく、ポツダム宣言から皇室維持条項を削除して日本が受諾しにくくしたことです。

こうして、8月1日以降の天候がよく、効果が目視できる状況のもとで、広島、小倉、長崎のいずれかに2発つづけて原爆を投下することになりました。

なぜ2発だったのかということも日本でよく問題にされます。理由は、広島に投下されるものはウランが、長崎に投下されるものはプルトニウムが原料で、爆発のさせ方も違うので両方ためしたということです。

オッペンハイマーは両方同時に同じ場所に投下してはどうかといいました。[152]彼は、爆発するかどうか確かめられればいいと思ったので、こういったのでしょう。大量殺戮兵器として使うのなら、これでは一都市の住民しか殺戮できないので、もちろんだめです。それから、片方が不発になった場合、どちらが爆発しなかったのかわかりません。

ただし、ウラン濃縮に大変な時間がかかり、量産できないので、アメリカは広島のあとはすべてプルトニウム型にするつもりでした。ニューメキシコ州の実験に使ったのもプルトニウム型です。

仮にイギリスで考案されたウラン型しか作っていなかったら、歴史は相当変わっていたと思います。つまり、8月6日の時点で1個しか使えず、そのあともこの年の末までに1個が限界だったからです。これでは実験もできないし、搭載機が撃ち落とされたり、不発だったりしたときは、もう戦争では使えなかったかもしれません。

プルトニウム型のほうは、そんなに時間がかからなかったので、前に述べたように、この年の終わりまでに使用可能なものを7個作っていました。

これが2発の原爆がウラン型とプルトニウム型と違うタイプのものだった理由です。日本にとっては不幸なことに、両方とも不発にならずに爆発しました。

ソ連はというと、長谷川毅の『暗闘』によれば、8月6日に広島に原爆が投下さたことを知ったスターリンは参戦の機会を失ったと思ってしばらく沈んでいましたが、気を取り直してアレクサンドル・ワシレフスキー将軍に「8月の嵐作戦」を2日繰り上げることを命令します。これを受けて8月9日にソ連軍は満州侵攻を始めます。[153]

天皇はソ連の参戦を知って、ようやくポツダム宣言受諾を決意します。ソ連の参戦が原爆よりも決定的だったのは、それが非常な脅威だったというより、もはやソ連の仲介には頼れず、アメリカと直接交渉するしかなくなったという点です。

## 日本は無条件降伏どころかバーンズ回答さえ受け入れていない

それまで天皇と日本の指導者は無条件降伏ではなく、ソ連を仲介として有条件、それも少しでもいい条件を得ようとしたのですが、そのあてもなくなったので、選択肢はもはやポツダム宣言にある降伏条件の受諾しかないということです。天皇は、拙著『「スイス諜報網」の日米終戦工作』でも明らかにしたように、ポツダム宣言を受諾しても皇室維持ができるとスイスなどからの情報を得て確信し、御聖断に踏み切ったのです。[154]

これまで、御聖断については実に多くのことがいわれているのですが、その判断材料となった情報はどこから来たのかということを誰も問題にしてこなかったのは不思議です。

それでも、日本側は「天皇の統治の大権」の承認を条件としてポツダム宣言を受諾するとしていました。やはり皇室維持の保証が欲しかったのでしょう。これに対しバーンズが「降伏のときから天皇と日本政府の統治権は、降伏条件を実施するうえで必要と思われる手段をとる連合国軍最高司令官の下におかれる」と回答しました。

これまで、このバーンズ回答を日本は受け入れたとされていましたが、私が降伏通告を仲介したスイスの公文書にあたったところ、そうではないことがわかりました。バーンズ回答に対する日本側の回答は、要約するなら、天皇の大権のもとに連合国軍最高司令官の占領政策に協力するというものでした。[155]つまり、占領後、連合国軍最高司令官がやってきても、天皇のもとに占領政策を行うようにというのが日本側の回答だったのです。[156]

したがって、日本はバーンズ回答を受け入れて降伏したという、これまでの定説は誤りです。実際には受け入れていません。しかし、アメリカ側は日本側のこの回答を無視して、バーンズ回答に対する日本側の回答をポツダム宣言受諾とみなすと一方的に通告し、アメリカ軍に戦闘停止命令を出し、日本はポツダム宣言を受諾した、という大統領声明を8月14日に勝手に発表してしまいます。

日本側もバーンズ回答に対する日本側の回答が受け入れられたか受け入れられていないかアメリカ側に確認しないまま、受け入れられたものとして一方的に15日に玉音放送を流してしまいます。つまり、日米とも、バーンズ回答にイエスなのかノーなのか曖昧なままにすることにしたのです。きちんと詰めると話が壊れることを恐れたのでしょう。[157]

## 原爆投下は天皇御聖断に影響を与えていない

こうして戦争は終わりました。繰り返しますが、原爆を投下されたので降伏したのでも、ソ連の侵攻が始まったから降伏したのでもなく、皇室維持が可能だと判断したので降伏したのです。ソ連を仲介とする降伏交渉でよりよい条件を得ようと思っていましたが、そのソ連が参戦してその見込みがなくなったので、ポツダム宣言にある条件でも皇室維持が可能だろうと判断して、これを受諾し、降伏しました。

したがって、原爆の投下がなくとも、ソ連の参戦がなくとも、皇室維持の保証があれば、そしてこれ以上の条件は勝ち取れないと判断していれば、日本は降伏していたと思います。この意味で原爆投下は不必要でした。

こういうと、欧米の研究者は、いや原爆の衝撃があったから天皇も指導者も降伏を選んだのだといいます。一種の原爆信仰です。

7月26日にはポツダム宣言を拒否したのに、8月6日と9日の原爆投下を経て、10日には受諾に変わるからでしょう。これだけ短期間であれだけ頑なな日本がポツダム宣言の拒否から受諾に変わったのは原爆が効いたに違いないというのです。

こうした論者に欠けているのは、日本の戦争指導者たちがどれだけ広島、長崎の状況を把握できたかという視点です。そもそも、当時の新聞は「焼夷弾爆弾」とか「新型爆弾」としか書いておらず、原爆とは書いていません。[158]

天皇は東郷から原爆については8月8日に知らされていましたが、頻繁に接触していた侍従武官長の蓮沼蕃は次のようにいっています。

「原子爆弾がそれ程大きな衝撃を陛下に与えたとはおもわれません。尤も陛下は科学者であらせられるから、原子爆弾の威力を熟知して居られたでしょう。併し八月八日、九日頃までには未だ広島の情報は十分わかりませんでした。従って陛下にそれほど大きな衝撃を与える迄に到っていなかったと思います」[159]

仮にポツダム宣言に政体選択の自由がなく、皇室の維持の可能性がなく、またスイスなどからのアメリカやイギリスは皇室を廃止するつもりがないというインテリジェンスが来ていなければ、原爆を投下しても降伏しなかったでしょう。

こういうと、英米の研究者は、ではあと何発原爆を投下すれば、皇室維持をあきらめて降伏したかと訊きます。8月12日の皇族会議で朝香宮に「国体護持」ができなければ戦争を続けるかと訊かれて「もちろんだ」と答えています。[160] 8月10日の御前会議でも、14日のそれでも、国体護持ができるかどうかだけ話し、原爆のことは問題にしていません。

これらを総合的に見ると、皇室維持ができなければ、最後まで戦うつもりだったと考えざるを得ません。少なくとも天皇は、国体護持の可能性がなければ、いくら原爆を投下されても降伏に向けてのイニシアティヴをとらなかったと思います。

また、原爆のほうはいくらでも作れるかもしれませんが、残った有力な目標都市は小倉しかありません。候補を広げて新潟と横浜にも投下するとして、あとはどこにするのでしょうか。

京都はスティムソンが承知しませんし、東京は占領後の事を考えて天皇のいる皇居、そしてGHQの本部にすることが予定されていた第一生命ビルを爆心地にすることができません。そうすると目標とすべき場所がすでに一面の焼野原になっている東京ではなくなるのです。

一般論として、原爆と通常爆撃だけでは、本土上陸作戦とそのあとの地上戦が不必要になるまで追い込むことはできません。ミサイルやハイテク爆弾などが発達した今日でさえ、これは変わっていません。Ⅲではっきりしますが、原爆とは心理的兵器であって、軍事的には思ったより効果がないのです。

天皇の御聖断がなければ戦争は終わらなかったのですが、原爆だけでは御聖断はなかったと考えるべきでしょう。原爆の使用と日本の降伏は別のメカニズムで進んでいました。両者の間に因果関係はありません。つまり、原爆が投下されたから日本が降伏したのではないのです。

なぜこの点を強調するかといえば、「原爆投下がなければ戦争は終わらなかった」というのは、原爆投下を正当化しようとする人の論理だからです。

### トルーマンは自己弁護のため日記を残した

このⅡの締めくくりとしてトルーマンのポツダム会談中の日記について触れたいと思います。１９７９年に発見されたとされるこの手書きの日記は、自己弁護のために書かれた信用できないものであると断言してもいい、と私は考えています。

たとえば日本が降伏の動きを起こしているという情報がトルーマンに伝わっていることはエルジー（大統領補佐官）の証言（１４７頁）からも明らかですが、日記では一切触れられていません。なぜならば、降伏しつつあったのになぜ原爆を投下したのかと非難されるからです。

トルーマンの日記には、スティムソンが何度も出すよう要請した「警告」から皇室維持条項を削ったことも、チャーチルと原爆について話した中身についても、彼から無条件降伏を譲歩して日本の軍事的栄光に配慮してはどうかという提案を受けていたことも書かれていません。さらに、チャーチルにアメリカは原爆を「軍隊」にではなく「都市」に使うという認識を与える話をしたことも書いていません。これほど重要なことの記載がないのは、わざと避けていると考えるしかありません。

　それればかりか、天皇がソ連に和平を懇願していることを、あたかもスターリンからいわれて初めて知ったかのようにミスリードします。しかも『ポツダム会談』を書いたチャールズ・ミーによれば、ただ聞かされたのではなく、返事をせず放置するか、それとも拒絶するかをスターリンに訊ねられて、放置するほうを取っています。[161]なぜなら、拒絶すると日本はソ連の仲介をあきらめてポツダム宣言を受諾することを選ぶかもしれないからです。放置すると日本はより有利な条件付き降伏の期待を持ち続けポツダム宣言受諾に踏み切れないので、原爆を使用できるからです。

　しかし、トルーマンは、このような奸計を弄したことも隠そうとします。本土上陸作戦を避けるために政府関係者（特にスティムソン）が原爆のほかに皇室維持条項が入った「警告・降伏勧告・条件提示」という最も有力な選択肢を用意していたことを隠します。戦後アメリカ政府が公式見解としたもの、そして保守系歴史研究者が唱えてきたことは、アメリカ軍に多大の犠牲者をだす本土上陸作戦を回避するための選択肢は原爆の投下しかなかったというものです。スティムソンの「原爆投下の決定」やコンプトンの「もしも原爆が使われなかったら」もこの立場をとっています。[162]

最近でもバラク・オバマ大統領の広島訪問があったときマサチューセッツ工科大学教授のデイヴィッド・カイザーがタイムズ誌に「アメリカはなぜ1945年に原爆を使用したのか」という記事を書いていますが、あいもかわらず皇室維持条項入りの「警告・降伏勧告・条件提示」(つまりポツダム宣言)という選択肢があったことにはまったく触れずに、60年以上まえのスティムソン論文とほぼ同じ主張を繰り返しています。[163]その学習能力のなさには、ただただあきれるしかありません。

これは、皇室維持条項の入ったポツダム宣言を出すこと、ソ連に参戦を要請すること(前に述べたようにアメリカ、イギリス、中国およびその他の連合国はソ連に参戦を求めていません。トルーマンとバーンズはソ連の参戦がいらないと思ってそうしたのです)という他の選択肢があったことを隠すことによって論理的になりたっています。

日本が皇室の維持を唯一の条件とし、降伏へ向けて動いているという情報が多数入ってきていることを日記に書かないのは、それを知りながらも皇室維持条項を削り、ポツダム宣言を受諾しにくくしておいて原爆を使用したことが、いよいよ罪深くなるからです。

きわめつけは、「自分はスティムソンに軍事目標だけにして決して女子供に使ってはならないと伝えた」などと7月25日の日記に書いていることです。

実際には、自分の代理であるバーンズに「警告なし」「大量殺戮兵器」という結論となるように暫定委員会での議論を主導させていたのは、ここまでに見た通りです。

いったいどういうつもりなのでしょうか。それに、チャーチルはトルーマンと原爆についてに話したあとにマクモラン・ウィルソンに「それは日本に使用されるだろう。軍隊にではなく、都市に」といっています。つまり、トルーマンはアメリカが軍事目標ではなく都市に原爆を投下するという認識をチャーチルに与えることを話しているのです。

百歩譲って、目標が軍事施設だったとしても（広島には前にも述べたように軍服の工場・倉庫しかありませんでしたが）、威力を考えれば女子供がたくさん犠牲になることになります。そうならざるを得ないことは、スティムソンが7月21日に彼に渡したグローヴスの原爆の破壊力についての報告書から知っています。[164]
このような威力を持つ兵器を無警告で使いながら、女子供を犠牲にしないなんてことが可能でしょうか。もし、本当に女子供を犠牲にしたくなかったのなら、7月24日にスティムソンから原爆投下予定日を告げられたとき、そのようにいえばよかったのではないでしょうか。そのあとでも、原爆が投下されるまで、いつでも大統領権限で変更を加えることはできたはずです。まったくばかげたことを書いています。

特に25日の記述での嘘が疑われるのは、スティムソンの日記にそのような記述がないからです。スティムソンは25日にポツダムを離れて帰途につき28日まで日記を書いていません。仮に25日にトルーマンがスティムソンに会って「女子供は犠牲にするな」と命じていれば、スティムソンは重要なことはすべて書き記しているのですから、大統領とそのような重大なことを話した以上、25日も日記をつけ、この極めて重要な事実を記述したのではないでしょうか。

スティムソンの日記とトルーマンの日記とどちらが信用できるかといえば、断然スティムソンのほうです。スティムソンはルーズヴェルト政権で陸軍長官になったときから、つまり戦争の前から、ほぼ毎日書いているのです。

対するトルーマンの手書きの日記は、ポツダム会談中だけのもので、しかも1979年になって「発見された」とされています。これほど重要な文書が、なぜこんなあとになって「発見」されるのでしょうか。都合のいいことにスティムソンは1950年に死去しているので、内容に偽りがあっても、死人に口なしです。典型的な偽造パターンです。自らの戦争犯罪をスティムソンの責任にしようとしたのです。

こうして見ると、この日記は自己弁護のために書かれたものだと断じざるをえません。もともとあった日記の記述やメモのうち非難の的になりそうなところは切り捨て、都合のいいところだけを抜き出して手書きで清書したものだと思います。筆跡をみるとなにか下書きのようなものをもとに一気に清書していることがわかります。ポツダム会談中でもなく、もっとあとに書かれた可能性すらあります。なにせ、ポツダム宣言の3カ国の署名欄に全部自分で署名するような大統領ですから、これくらいのことをしても別におかしくはありません。

バーンズに泥をかぶらせて、自分を守るようなやりかた、真珠湾攻撃への復讐を何度も口にし、「けだものと接するときはけだものとして扱うしかありません」と暴言を吐いているところを見てもトルーマンがかなり問題のある人物だということがわかります。

最高方針決定委員会のメンバーだったウォレスの8月10日の日記によると日本のポツダム宣言受諾の報が入ってきて、それについて協議したとき、トルーマンは子供たちが犠牲になるのは耐えられないということで、3発目以降の原爆投下の停止を命じたそうです。[165]これは事実でしょう。ただし、これは25日にスティムソンに軍事目標に限定して投下せよ、と命じた証拠になるとは考えません。過ちを犯した多くの人々と同様、してしまってからことの重大さを知ったのだと思います。それにトルーマンのことですから、また原爆を投下したくなったら、バーンズを使ってこの発言がなかったようにもっていくでしょう。彼は他にも「自分は投下したくなかったのだ」という主旨のことをいっていますが、全体のトーンはきわめて偽善的です。[166]

とはいえ、公平を期すために、このことは述べておかなければなりません。たしかにバードが把握していたように、日本側は6月の下旬からソ連を介して降伏する動きを起こしていました。これに関する情報は、エルジーの証言にもあるように、特にポツダム会談の前後に多数リアルタイムでトルーマンの耳に入っていました。しかし、バード、スティムソン、マクロイ、ダレスはこれらの情報から、皇室維持の条件だけで、日本が降伏すると判断しましたが、それが絶対確実かといえば、100パーセントではなかったといわなければなりません。したがって、トルーマンがスティムソンたちのような判断をしなかったとしても咎めることはできません。たしかに、アメリカ側が一つ条件を譲歩すれば、日本側がさらなる譲歩を求め、終戦交渉が長引いた可能性もゼロではありません。

しかし、そうだとしても、先に皇室維持条項入りのポツダム宣言を試してみてもよかったのではないでしょうか。それでも日本が降伏しなかったのであれば、そのときは仕方なかったでしょう。

ただし、その場合でも「警告なし」「大量殺戮兵器」の組み合わせにする必要はなかったことはいうまでもありません。

同盟国イギリス、科学者たち、閣僚たち、軍人たちの反対までも押し切ってしたこの理性的とはいえない選択は、やはり後世の非難を免れ得ないのです。

# Ⅲ　原爆は誰がなぜ拡散させてしまったのか

## 原爆投下は始まりだった

私たち日本人は、２発の原爆投下を終わりと感じています。この新兵器を使ったあと日本が降伏して戦争が終わったので、そう感じるのです。しかし、世界的視野から見れば、原爆投下は始まりです。つまり、現在の状況に至るまでの核兵器の拡散の始まりです。今の状況の始まりなのです。すべてではないにしても、世界の多くの人々はそう感じています。

これまで見てきましたように、原爆を使用するという決定は、原爆を世界、とりわけソ連にどう伝えるかということ、そしてこの最終兵器を国際管理することと結びついていました。

1945年8月6日と9日に原爆は使用され、そのあとアメリカ、イギリス、カナダが声明を出し、原爆のこと、そしてそれを使用したことを世界に知らしめました。[167] では、国際管理はどうなったのでしょうか。これはアメリカ、イギリス、カナダが自分たちに対し原爆が使われないようにするために考えたものですが、戦争で原爆を使えなくし、あるいは廃絶してしまえば、その恩恵は世界に及びます。原爆の碑に「過ちは繰返しませぬから」と刻まなくていいことになります。

この問題は原爆開発当初から科学者たちが懸念していたことでした。それなのになぜ、それが実現しなかったのでしょうか。そして、原爆は使用禁止にもならず廃絶されず、むしろ拡散してしまったのでしょうか。なぜヒロシマ・ナガサキが終わりではなく、始まりになってしまったのでしょうか。

少しさかのぼって1944年から見ていきましょう。

## ボーアはソ連を入れて国際管理にするよう両首脳に訴えた

原爆開発に携わった科学者たちは、完成が見えてきた1944年には、この兵器とそれを作るノウハウをどのように管理するかについて検討するよう政治指導者たちに求め始めました。

はっきりとした行動を取り、チャーチルとルーズヴェルトを動かそうとした科学者としてニールス・ボーアの名前があげられます。Ⅱでも触れましたように彼はルーズヴェルトとチャーチルに直接会って、ソ連に原爆のノウハウも与えたうえで国際管理するよう訴えかけました。[168]すごく思い切った驚くべき訴えですが、彼はなぜそう主張したのでしょうか。

彼はまず、こういう懸念を持ちます。

アメリカの原爆開発は思ったより早く進行していて1年ほどたてば原爆を完成させるだろう。そして、ドイツの敗戦は必至で、遠からず戦争は終わるだろう。そうすると、戦後の平和構築を考えなくてはならないが、大きな脅威となるのは、他ならぬ自分たちが作っている原爆である。

この大量破壊・殺戮兵器をどう管理するのか考えずに平和構築はできない。今回の大戦は二つの超大国を作りだした。アメリカとソ連だ。この2カ国を無視した戦後体制というものもない。アメリカが強くなりすぎるのも問題だが、それよりも問題なのはソ連の横暴な振る舞いだ。ドイツを追い払ったあとの東ヨーロッパ各国を属国とし、民主主義を圧殺している。このソ連が原爆を持ったらどうなるだろうか。

ラザフォードがカベンディッシュ研究所で育てた科学者たちのなかにピョートル・カピッツァというソ連の科学者がいました。彼は１９３４年に一時帰国したあと研究所に戻ろうとしましたがソ連はそれを許しませんでした。その後、デンマークがドイツに占領されてボーアが行き場を失ったときソ連に来るよう勧める手紙を送ってきます。これはソ連も原爆開発を考え始めている証拠だとボーアは考えました。[169]

原爆開発に関わっている科学者たちは、ソ連が同じことを始めた場合、４、５年以内に原爆を完成させるだろうと考えていました。要するに、米英がノウハウを秘匿したところで、ソ連は確実に原爆を手に入れる、それもそんなに遠い将来のことではないということです。

そこでボーアはこう考えました。

ソ連がまだ開発にもかかっていないうちに、そのノウハウを共有することを条件に共同で原爆を国際管理することを申し出たらどうだろうか。ソ連は必ずや原爆とそのノウハウを欲しがってこの申し出にのってくるだろう。共同管理となれば、ソ連の自由に使えないが、アメリカも自由に使えない。その代わり、お互いを原爆の脅威から守ることができる。

たしかに、巨費を投じて開発した原爆の秘密をソ連にただで提供するのには抵抗があるかもしれない。しかし、ソ連が自前で原爆の開発に成功したらどうなるだろうか。その時はソ連に対するいかなる歯止めもない。

原爆なしでもソ連は脅威なのに、この新兵器を持ったらなおさら手に負えなくなる。ソ連が原爆を大量に作って、それを相手の嫌がる所に配備して脅しをかけようと、実際に使用しようと、アメリカもイギリスもどうすることもできない。それなら今の内に、何らかの協定に引きこみ、その中でしばりをかけるというのが最善の策だ。

実際ケベック協定では、（1）この力を相手には用いない、（2）互いの同意なしには第三者に対してこの力を用いない、（3）互いの同意なしには、情報を与えない、と決めました。これをベースとしたものにソ連も合意すればいい、という考え方です。

ソ連は協定を破ることで悪名高い国ですが、原爆に関しては、この協定は破ると自分にとっても大きなリスクがあるので、守りそうです。

## 閣僚たちがボーアにチャーチルを説得させようとした

この考えは、チャーチルよりも、リンデマンなど彼の科学顧問やジョン・アンダーソンなど閣僚に強くアピールしました。戦後体制のことを考える場合、ソ連の原爆保有に関してなんらかの制限を設ける必要があります。野放しでは、ソ連が独自開発に成功した後、イギリスは地理的に近いだけに大変な脅威になりえます。[170]

イギリスに飛行機でおいでになったことのある方は、モスクワやサンクト・ペテルブルクがいかに近いかはおわかりだろうと思います。現実的に考えた場合、ソ連が原爆を持つのは避けられないのですから、なんらかの協定を結んだうえで国際管理に加え、協定によって縛っておくしかありません。繰り返しますが、ソ連が原爆を持つのは確実で、自前で開発した場合には、イギリスもアメリカもなんのコントロールもできないのです。

そこで、彼らはボーアに原爆製造の大部分を引き受けているアメリカ側にまず話してもらい、しかるのちに、その成果を踏まえてチャーチルを動かしてもらおうと考えました。幸いなことにボーアはルーズヴェルトに影響力のあるアメリカ最高裁判所判事のフェリックス・フランクファーターと友人関係にありました。彼はフランクファーターを通して彼の考えを大統領に伝えました。

判事によるとルーズヴェルトは、ボーアのいうような事態になったらどうしようと「死ぬほど心配」したそうです。[171]そして、必ずこの原爆の管理についてチャーチルと話し合うと請け合いました。

アメリカ大統領からこの言葉をもらってボーアはイギリスに帰るのですが、それでもチャーチルは「そんなことには同意しない」の一点張りで、ボーアと会おうともしませんでした。[172]閣僚たちがまなじりを決して諫言するので、ついに5月16日にボーアの話を聞くことにしました。しかし彼らの話は嚙み合いませんでした。

チャーチルのほうは、ボーアのしていることはケベック協定に対する干渉であり、このような政治向きのことに科学者が口をはさむべきではないといいました。ボーアはボーアで会談後「私たちはまったく違う言語を使っていた」と冗談交じりに総括する有り様でした。[173]

なぜ、チャーチルはボーアの諫言を受け入れないのでしょうか。ノルマンディー上陸作戦がせまっていたのでそのことで頭がいっぱいだったとか、健康を害していて思考力が落ちていたという見方もできます。しかし、もっと大きな要因は、チャーチルの大英帝国復活への妄執でしょう。大きな犠牲を払ってようやくドイツを倒しつつあるのだから、せめて戦前のイギリスの姿に戻したい。しかし、そのドイツを頽勢に追い込んだ立役者であるソ連が東ヨーロッパだけでなく西ヨーロッパまで勢力を拡大している。どうしてもソ連の勢力拡大を食い止めなければならない。それも戦争が終わったあとではなく、今のうちに手を打っておきたい。これがチャーチルの考えです。

そのソ連を原爆の国際管理に加えたのでは、国際的威信が高まってしまって、ますます多くの弱小国がソ連になびくことになります。また、ソ連も加わったのでは、米ソ2極体制になってイギリスはその間にあって埋没してしまいます。ですから、むしろ自分が苦労して成立させたケベック協定のもとでアメリカとの結びつきを強化して、イギリス・アメリカ対ソ連という構図を維持したほうがいいのです。

それに、チャーチルはイギリスも原爆を持ち、それを大英帝国復活に結び付けたいと思っていました。それを国際管理にしたのでは、戦後イギリスのために最大限利用するということができなくなります。

チャーチルは側近たちと違って、ソ連が原爆を持つまでに戦争で疲弊したイギリスの頽勢を立て直すために何かできると考えていました。チャーチル―ボーア会談が失敗に終わったあともリンデマンやアンダーソンたちは、この老人の頑迷さをなんとかしたいと思い、今度はボーアとルーズヴェルトの直接会談をセットしました。8月26日に実現したこの会談は1時間半も続きました。

ボーアはこんな説明をしました。

ソ連はドイツの科学者たちから核分裂の秘密を手に入れ、戦争が終われば全力で原爆を作ろうとするだろう。もし、ソ連に何もいわずに原爆を使えば、自分たちに使おうと思っているので秘密にしたと疑い、アメリカよりも多く作ろうとするだろう。多く持つことで、相手の使用を抑止できると考えるからだ。そうなれば果てしない原爆製造競争になる。ソ連に猜疑心を抱かせないために、原爆についての情報を与えておく必要がある。

ボーアの話に長時間耳を傾けたことからも予想されたように、ルーズヴェルトはこれに理解を示し、必ずソ連にアプローチしよう、スターリンは現実的な男だから、きっと問題を理解してくれるだろうといいました。そして、すぐこの後にチャーチルと会うので、そのときに相談してみようと約束しました。[174]

そして、1944年9月18日のハイドパーク会談となるのです。68〜69頁で見たメモには、ボーアの要請をことごとく却下するだけでなく、ボーアをソ連のスパイ呼ばわりする発言が記録されています。「3. ボーア教授の行動に関して調査がなされなければならない。そして、彼が特にソ連への機密漏洩に責任がないことを確かめる手段が採られなければならない」がそれです。

### ルーズヴェルトは国際管理に前向きだった

科学史研究者のゴーイングは、ハイドパーク会談のあと、ルーズヴェルトがチャーチルに同意して、ボーアに手のひらを返したと解釈しています。たしかに、ハイドパーク・メモを両者の合意内容とするならそうなります。しかし、Ⅱで述べたように、これはチャーチルが一方的に話したもので、ルーズヴェルトの言葉は一言も入っていないのです。とうてい合意があったとはみなせません。

おそらくゴーイングは、メモがチャーチルの一方的発言を記したものだということを知らないので、ハイドパーク会談のあとボーアに会って話すと約束したのに、それを反故《ほご》にしたことを重く見て、このように判断したのでしょう。

しかし、ルーズヴェルトは翻意したのではなく、覚書の3からもわかるようにチャーチルがボーアを激しく敵視しているので、その手前会うのを控えたと考えたほうが自然です。

その証拠に3日後にブッシュと会ったときには、前述のように、実戦で日本に対し使うのか、国内で実験するのか判断できずにいたのです。国内で実験したのでは、ソ連に対してそれほど脅威にならないことは明らかで、チャーチルの思い通りになりません。ですが実験の段階ならソ連と国際管理の交渉はできます。

実はアメリカ側のブッシュとコナントもボーアと似たようなことを考えていました。9月30日付のスティムソン宛のメモで「もしこの問題で秘密裡に軍拡競争が始まるならば、アメリカが一時的に保っている優位は消えるか、もしくは逆転されるだろう」といっています。そして原爆の国際管理や禁止というより、むしろ科学的・技術的交流を全面的に支援してそれを国際的管理機構のもとに置き、この機構に査察する権限を与えるということを考えました。要するに現在、国際原子力機関（ＩＡＥＡ）になっているものです。[175]

　これを受けて１９４５年3月15日にスティムソンからアメリカが排他的に原爆とノウハウを管理するか、それともソ連と共有するかと訊ねられたときも、ルーズヴェルトはそのことをよく考えようといっています。

　ゴーイングの考えているように、ルーズヴェルトがチャーチルに同意したのであれば、彼はスティムソンに後者の選択肢は採らないと明言していたでしょう。そうしなかったということは、ルーズヴェルトはまだ保留していたのです。ブッシュやコナントの提言もスティムソンから聞いていたでしょうから、心情的にはボーア寄りになっているのですが、チャーチルの感情を害したくないと思っていたのでしょう。

　それに、アメリカはイギリスと立場が違います。ソ連と共同管理してもイギリスのように埋没はしません。現に原爆を手に入れようとしているのですから、共同管理になっても保有することになるのはアメリカになるはずです。

　また、アメリカはもともとヨーロッパにはそれほど利害関係を持っていないので、イギリスほどソ連のヨーロッパ支配を気にしていません。チャーチルのように大英帝国復活の夢を追っているわけではないので、戦後のソ連との関係も現実的に考えられます。チャーチルと違ってルーズヴェルトは、ソ連を受け入れる余裕があったのです。

1945年2月にヤルタ会談が行われていましたが、これはソ連もメンバーとして入っているので、当然原爆も国際管理の話もしませんでした。ここではハイドパーク会談でのチャーチルの要求にしたがったのです。

## スティムソンは新大統領に国際管理を説いた

そのルーズヴェルトはヤルタ会談のあと、4月12日に死去してしまいました。したがって、原爆の使用の決定の場合と同じく、スティムソンの役割が重要になってきます。

スティムソンの考えは、リンデマンやアンダーソンらに近いもの、つまりソ連も含めた国際管理を進めるべきというものでした。合同方針決定委員会で、あるいはそれに関連した文書のやり取りで、定期的に彼らとコミュニケーションをとっているので、自然にそうなるのでしょう。また、原爆開発の総責任者でもあるので、完成したあとのこと、そのあとアメリカと国際社会との関係などを考えると、やはりチャーチルの側近たちと同じ意見を持つことになります。問題は、ルーズヴェルトの死去にともなって、これまでの事情をまったく知らないトルーマンとその代理バーンズが主導的立場についてしまったことです。

そして、タイミングもよくありませんでした。ナチス・ドイツの命脈がいよいよ尽き、ソ連はヨーロッパにおいて絶対的優位に立っていました。このため、ヤルタ協定を無視して、自由選挙は行わず、傀儡政権を立ててポーランドの属国化を進めました。トルーマンは、4月23日にモロトフと会談し、ポーランド問題で協定を破ったとして彼と口角泡を飛ばす言い合いをしています。[176]

米ソ間の関係が悪化しており、しかもその原因はソ連の協定破りでした。この状況下でトルーマンはスティムソンとグローヴスから原爆について説明を受けるのです。この流れでは、どうしても協定破りをして勢力圏を広げようとするソ連を威嚇するために原爆を使おうという方向にいってしまいます。そうなると、ソ連を交えた国際管理どころか情報の提供さえもってのほかということになります。トルーマンたちもチャーチルと同じ方向を向いてしまったのです。

スティムソンはこのあとの4月25日、トルーマンに原爆開発に関する引き継ぎを行ないます。これは「大統領と議論したメモ」としてスティムソンの日記に引用されています。このなかで、スティムソンは原爆の破壊力について短く説明したあと、国際管理の必要性について実に長々と説明します。[177]つまり、この原爆の製造に関するノウハウは、すでに多くの国々の科学者たちによって共有されていること、その原料や製造法もアメリカが使っているものより効率的なものが将来見つけ出される可能性が高いことを指摘して、いずれ思いもかけない国がより破壊力の強い原爆を開発してアメリカやイギリスを脅かすかもしれないので、多国間でコントロールするようにしなければならないとしています。

１９４５年5月31日の暫定委員会で無警告で「二重の目標」に原爆を投下することが決まったあともスティムソンも科学者たちも黙っていたわけではありません。

イギリス側は、１９４５年の初めから暫定委員会で結論が出るまで、しきりにスティムソンにソ連への情報提供と国際管理の問題を議論するよう求めましたが、彼ら自身、アメリカ側にどのように決めてもらいたいのかわかりませんでした。[178]実際イギリス側の文書からも具体的な提案は読み取れません。反対と賛成の間のどこかで着地点を見つけたいのですが、彼ら自身どこにしたらいいかわからなかったのです。したがって、スティムソンも暫定委員会の議論に任せるしかなかったのです。

## バーンズとトルーマンが国際管理に反対した

暫定委員会の議事録とスティムソンの日記は、この委員会で原爆とその製造ノウハウの共同管理に反対したのが、このあとの7月3日に国務長官になるジェイムズ・バーンズだったことを明らかにしています。彼はソ連と共に国際管理するどころか、情報公開もソ連にしてはならないという考えでした。[179]バーンズは大統領の代理としてこの委員会で発言していましたし、実際自分の発言に大統領の意見を反映させるために連絡をとっていましたから、彼の意見はトルーマンと同じだと考えていいでしょう。

やはり、暫定委員会の議事録から判断すると、バーンズ（そしてトルーマン）の論理はこうです。

今は戦争中なのだから、一日も早く勝利を得るため、原爆を早く完成させることを最優先させるべきだ。完成したなら、19億ドルもの血税を注ぎ込んだのだから、戦争を早く確実に終わらせるために使わなければならない。

軍事的に使うとなれば、それは高度の軍事機密なのだから、ソ連はもちろん、他国に漏らすわけにはいかない。使ったあとは、世界各国がこの兵器について知り、ソ連も含めて先を争って開発競争をすることになるので、その中で優位を保たなければならない。だから情報提供などできない。[180]

ボーアが懸念していた方向に向かいました。つまり、国際管理をあと回しにして原爆を完成させれば、その国はあれこれ理由をつけてそれを独占しにかかることになります。その際の論理は、まさしくバーンズ（トルーマン）の発言が示している通りなのです。

加えて、このころ米ソ関係は、前に見たように、ルーズヴェルトのときと較べて格段に悪化していました。ちょうど、トルーマンに代わるころ、ドイツの敗戦が目前に迫ってきたころから、ソ連の協定破りが目立つようになっていたのです。

とはいえ、そんな時でもスティムソンは、あとで見るように、ソ連との共同管理にこだわり続けていたのですから、トルーマンやバーンズが狭量で先見性がなかったことは否定できません。

暫定委員会の委員長はスティムソンなのですが、バーンズは大統領代理です。スティムソンは司会に回り、バーンズは議論をリードする役を演じます。そこでの結論は以下の通りになりました。

「暫定委員会は、適切な機会があれば、大統領がロシア（原文のママ）に対し、この兵器の開発はあらゆる点において良好に推移している、それを日本に対して使用するつもりであると告げてもらうと、アメリカの立場は極めて有利になるという点で意見が全員一致した。

これ以上大統領が付け加えるとすれば、彼はこの兵器を必ずや世界平和の達成の助けとしなければならないという点から将来話し合うことを望んでいるというべきだ。委員会は、もしロシアがさらに詳細な情報を求めてきたなら、今はこれ以上の情報は出せない、と彼らに告げるべきだと考える。また委員会は、ケベック協定にしたがって、会談の前に首相とこの問題全体について協議すべしという点で意見が一致した」[181]

前半のソ連に原爆の開発が順調に経過していることを告げるべしとした部分は、スティムソンや科学者たちが考えていた情報供与から見れば、お話にならないくらいの後退です。「これ以上大統領が付け加えるとすれば」以下の部分は、スティムソンらの抵抗の結果、かろうじて共同管理の問題もポツダムで話すべきだというニュアンスを残したものだといえます。

あとは、この勧告を受けたトルーマンがポツダム会談でどう振る舞うかです。Ⅱでも見ましたように、実はチャーチルの方も、7月4日にアメリカの原爆の使用に同意を与えたとき、自らが同意の付帯条件としてポツダムで原爆開発の全体について議論することと付け加えていました。

**今日の状況を予言していた「フランク・レポート」**

残念なのは、暫定委員会の決定が出たあとの6月11日付で科学者たちによる、いわゆる「フランク・レポート」がスティムソンに提出されていることです。これは、要するに、ソ連を加えた国際管理ができなくなるので実戦で日本に原爆を使用してはならないと述べたものです。[182]原爆の完成が近づくにつれて、科学者たちの懸念も現実性を帯びてくるのでいてもたってもいられなかったのです。この18頁にもなる「予言の書」のなかで科学者たちは要約すると次のようにいっています。

**1．原爆製造のノウハウは世界中に広まっており、製造法も改良されるだろう。将来アメリカ以外の複数の国が原爆を所有することは確実だ。したがって、平和を守るため**

には国際管理が必要だ。

2．ソ連に情報提供と国際管理を持ちかけるのは、原爆が完成していない今が最適である。完成してから、そして実験してからでは、ソ連の態度が違ってくる。日本に実戦で使ったあとでは、ソ連はそれを脅威と感じるだろうから、一層頑なになるだろう。情報の価値から考えても、今が一番大きく、日本に使用したあとでは一番低くなる。

3．日本に実戦で原爆を投下すると国際管理ができなくなる。なぜなら、国際管理によって今後原爆の戦争での使用を禁じなくてはならないのだが、自らが一度戦争で使っておきながら他の国には禁止するといっても説得力をもたないからだ。

4．それでも原爆を使用するなら、無人島に投下してデモンスレーションにとどめるか、さもなければ事前通告をして住民を避難させてから行うべきだ。

5．デモンストレーションであれ実戦使用であれ、原爆をいったん使用したらその時から原爆開発・軍拡競争が始まる。世界の各国はあらゆる資源と技術をためしてより威力のある原爆をより効率的に安価に数多く作ることに取り組む。さもなければ、自国を守れないからだ。

6．今後、原爆を持つ可能性のある国はイギリス、フランス、ソ連などが考えられる。

7．現在、ソ連はウラン資源確保の点でアメリカに後れをとっているが、世界の陸地の5分の1を占めるソ連からウラン資源がでてこないと考えるのは危険だ。
8．核戦争に耐えられるのは、国土の広いアメリカ、中国、ソ連であるが、アメリカとソ連が核戦争になったとき、人口と産業の集中化が進んでいるアメリカに較べ、これらが広い地域に分散しているソ連は有利である。
9．したがって、情報の共有と国際管理体制ができていない今、日本に対して実戦において原爆を使用することはできない。それをすることはアメリカにとって極めて不利な核戦争の危険にアメリカ国民をさらすことになる。

この通称「フランク・レポート」は、日本への原爆の使用のあとで起こったこと、すなわちソ連の核武装と核軍拡競争の世界的拡大の動機とメカニズムを極めて明快に説明しています。注目すべきことに、アメリカとソ連の核戦争すらシミュレーションして、アメリカに不利だとまでいっています（イギリスには言及していませんが、いう必要もないくらい核戦争に不利だからです）。

この「予言の書」が提出されたのが、暫定委員会で結論が出た後だったということはかえすがえすも残念なことでした。スティムソンもチャーチルの側近たちも、その周囲にいる科学者たちも、同じようなことを考えていたでしょうが、ここまで詳しくシミュレーションしていなかったと思います。

科学者たちや閣僚たちにとっての障害は、肝心の両国首脳が「予言の書」を理解できないことです。というより、ソ連に対する敵愾心と憎悪のために理解しようとしないことです。

特に彼らが無視ないしは軽視するのは、ソ連が数年のうちに確実に原爆を保有して、核軍拡競争が始まるということです。そして、核戦争になれば、ソ連の方に分があるということです。彼らが両首脳に「予言の書」の内容を理解させることに成功していたら、今日のような状況になることはなかったかもしれません。

暫定委員会は5月31日のあとも大統領に勧告を送り続けますが、いずれも前に決定したことを再確認するもので、変更はありませんでした。彼らは原爆の国際管理をチャーチルが死に体になったポツダム会談ではなく、原爆投下後のアトリー政権の外務大臣が出席するロンドン外相会議ですることにしました。こうして「フランク・レポート」は、スティムソン以外には影響を与えることができなかったのです。

## スティムソンは原爆投下後に使用禁止を提案していた

トルーマンとバーンズの原爆に関する言動と振る舞いはⅡで詳しく述べたので、ここでは繰り返しません。要するに、スターリンに「異常な破壊力をもった新兵器を持っている」と告げただけで、国際管理に向けた話し合いはまったくなされませんでした。Ⅱでも見たように、日本が降伏に向かって動き、状況が大きく変わっていたにもかかわらず、原爆を大量殺戮兵器として使うことにこだわり、スティムソンらの進言を退けることにのみ心を砕いていたのです。

原爆投下からおよそ1カ月たった9月11日、スティムソンは大統領にメモを送りました。要約すると次のようになります。

1．ソ連は現在警察国家だが、この国が民主化するまで原爆についての話し合いを引き延ばすことはできない。ソ連に信頼に値する相手として振る舞って欲しければ、ソ連を信頼することである。相手を信頼しなければ、相手も信頼できない人間として振る舞うものである。

2. 多くの関係者が、原爆はソ連のヨーロッパ大陸での拡張の抑止になると考えており、そのことをソ連も知っているので、できるだけ短い間に原爆を持とうとしている。

3. ソ連が原爆を持つのに最長で4年かかるか20年かかるかではなく、それを手に入れたとき平和を愛する諸国家と協調していくかどうかが問題である。

4. ソ連とアメリカの関係はすべて原爆の問題をどう処理するかにかかっていて、直ちにアプローチを始めなければならない。

5. この問題を多国間で話し合うのではなく、ソ連と直接2国間で協議するほうがいい。

6. イギリスの同意を得たうえで、兵器としての原爆の開発、製造を止める。そして、アメリカ、イギリス、ソ連がいかなる場合でも戦争の道具として使わないことに同意することを条件にアメリカが現在保有している原爆をすべて3カ国の共同管理とする。

7. アメリカ、イギリス、ソ連の3カ国が将来の原子力の平和利用の恩恵を分かち合う協定を前述の協定に含めることも考慮する。

8. 将来、この協定にフランスと中国も加盟させる。[183]

アメリカや日本には、かつて副大統領だったヘンリー・ウォレスもソ連を国際管理に加えようという主張をしたので、これを重要視する人々がいます。[184]しかし、このメモを見てもわかるように、これは政権内にいて原爆開発の総責任者で暫定委員会の委員長のスティムソンがこだわり、根気強く政権トップを説得していたことです。スティムソンの前にはイギリス側の閣僚がチャーチルを説得していました。

なぜ、政権内にもおらず、政策に影響力も持てなかったウォレスをスティムソンより重要視するのか私には理解できません。どうもこれらの人々は、公文書を読んでいないだけでなく、原爆の国際管理の問題が戦後になって初めて出てきたものだと勘違いしているようです。これまでも見てきましたように、国際管理の問題は原爆開発が始まったときからあったのです。

さて、メモに話を戻すと、このなかで重要なのは5から8、特に6です。暫定委員会の議長として自ら口に出していえなかったものの、彼なりにどのような国際管理が望ましいか考えていたことがわかります。これなら原爆によってヨーロッパでの拡張を封じ込められていると思われているスターリンも乗ってきそうです。しかし、最大の問題は、ソ連の警戒心を解くために、アメリカの原爆の製造と開発を止める、そして現に持っている原爆も共同管理にするということです。これは原爆信仰に取りつかれているバーンズとトルーマンにはきわめて難しいことです。

## 科学者たちの予言はロンドン外相会議で的中した

スティムソンがメモを提出したのと同じ日、ロンドンで外相会議が始まっていました。これはポツダムで開催が合意された会議で、米英ソに加えて中華民国とフランスが参加することになっていました。会議に出かけるまえバーンズは記者団に「自分はロシア人をどう扱えばいいか知っている」などと大言壮語していました。原爆という切り札があるからどうにでもできるという思いからでたのでしょう。[185]

しかし、ロンドン外相会議でモロトフは、原爆に怯えるどころか、これでもかとばかり非協力的な態度を取りました。ポツダムで彼らが受けた仕打ちを考えれば当然です。バーンズは、もっとも簡単に片付くはずのイタリアの植民地の処分から始めようとしましたが、モロトフはソ連のルーマニア、ハンガリー、ブルガリアの親ソ政権の承認のほうが先だといいました。これはバーンズの独断でイエスとはいえません。[186]

バーンズが返答に窮すると、それならトリポリタニア（現在のリビア）をソ連の委任統治領とするならその議論をしようといってきました。ここは当時最も良質なウラン鉱山のあるコンゴへソ連が進出する拠点になりえます。

これも渋っていると、国際会議をやるなら投票は米英ソの3大国にしてもらいたい、フランスと中国（国民党）が入ると4対1になってソ連に極端に不利だからといってきます。[187]たしかにその通りではあります。

その他、日本の占領にも参加させよという要求も出してきました。どれもうっかりイエスというと、イギリス、フランス、中国を含め他の国の権利がそこなわれてアメリカが恨みを買うことになります。

なにか議論しようとするたびに、モロトフは別の難しい問題を持ちだしてきますが、バーンズは報復的態度を取れません。唯一、原爆を持っているアメリカが、下手に強い態度に出ると、原爆で威圧していると他の国の代表からは見られてしまいます。各国とも、原爆の保有によって絶対的優位に立ったアメリカが、持たざる国に対してどうふるまうか警戒感をもって注視しているのですから、そのように見られることは避けなければなりません。バーンズはようやく原爆信仰から目が覚めて、これはうまく使わないとアドヴァンテージではなくハンディになるのだということを思い知るのです。

もともとこの外相会議はポツダムでバーンズが提案し、決まったものでした。「原爆をポケットにいれて」主役として乗り込み、日本降伏後、初めてとなる国際会議で戦後外交を取り仕切るつもりでした。[188]アメリカのマスコミにもそう語り、アメリカの議員や政治家も羨望の目で見ていました。しかし、交渉はまったく前に進みませんでした。

アメリカの主張にイギリスが同意し、これにフランスと中国が加わったとしても、ソ連が同意しないのでは協定や条約として実効性を持ちません。ソ連はそれほど広い地域を実効支配してしまっているのです。

普通なら、このような会議に臨む前に、時間をかけて事前交渉をし、援助や利権を与えるなど密約を交わして根回しをするものですが、バーンズは原爆があればそんなものはいらないと思っていたため、何もしていませんでした。

それでもロンドン外相会議で2週間にわたっていろいろやってみましたが、何も決められず、バーンズは会議を打ち切らざるを得なくなりました。科学者たちやスティムソンが予言していたことが現実になりました。

当然アメリカのマスコミや議会は、原爆という切り札を持ちながら、なぜソ連をなんとかできないのかとせめたてました。行く前に大言壮語していただけに針の筵《むしろ》です。[189]

この状況から脱するためには、バーンズは早くソ連をなんとかしなければなりません。幸い、このときはまだ大統領が支持を表明していてくれました。

### イギリスとカナダはケベック協定の履行を求めた

そこで、彼はいまさらながら原爆の情報提供と国際管理のことに目を向けるのです。スティムソンがメモでいっていたように、いまや原爆の問題がソ連とアメリカの関係のすべてを支配しているのです。まず、この問題に何らかの解決策をとり、それによってソ連の頑なな態度を軟化させてからでないと、どんな外交交渉もできません。

しかし、その前段階として、ケベック協定を結んだイギリス、カナダを味方につけておくことが大切です。もともとこの2カ国は戦争が終わって以来、戦後ケベック協定をどうするのかについての話し合いを求めていたのです。そこで、これら2カ国首脳をワシントンに招き11月に会議を開きました。

合同方針決定委員会のカナダ側書記を務めていた（1945年10月13日の委員会でカナダも委員会の書記を出すことになった）[190]L・B・ピアソンが本国へ送った報告書からわかったことですが、この会議でバーンズとトルーマンは驚くべき提言をしていました。

1. 原爆を用いた戦争を違法とする。
2. 原爆およびそのノウハウは、国連が管理し、一国家が武器として保有できないようにする。
3. もしくは、原爆は廃絶する。[191]

これらがスティムソン・メモをベースにしていることは明らかです。

しかし、イギリスとカナダの反応は、冷ややかでした。ケベック協定で定めた原爆および原子力開発に関する成果物とそのノウハウの両国への提供に触れていないからです。アメリカは、原爆を完成させ、なおも研究開発を進めていましたが、イギリスとカナダに成果物もノウハウもまったく提供していませんでした。戦争中にしないのは理解できますが、戦争が終わったあと、繰り返し要請しているのに応じないのです。

両国としては、協定を守ってイギリス、カナダに原爆製造のノウハウを提供したあとで、国際管理の話をするのが順序ではないかと当然ながら思います。しかも、2と3は共有する前に、保有を禁止しようといっているのと同じです。これに同意しろ、というのは無理です。

また、特にイギリス首相アトリーは、ソ連にまったく言及していないことに違和感を持っていました。彼らの提言はすべてイギリスとカナダに向けられたもので、ソ連に向けたものではないのです。実は当初は触れるはずだったのですが、土壇場で気が変わって触れないことにしたのです。[192]

アトリーは、前任者のチャーチルとはソ連に対する態度が逆でした。というより、現実的だったといったほうがいいでしょう。原爆が手に入ったところで、ソ連のヨーロッパでの優位を覆すことはもはやできません。制空権を握って、ソ連に原爆を使うとしても、すでにソ連は東ヨーロッパ諸国とそれに隣接する国や地域を占領し、完全に支配下に置いています。原爆を使用するには、これらの東ヨーロッパの人々も巻き添えにしなければなりません。ソ連本土はその先なので原爆の使用はもっと無理です。原爆を使えないし、使ったところでどうにもならない、という現実をきちんと見つめてソ連との協調を考えるしかありません。

ですから、アトリーは原爆の国際管理にソ連を加えるべしと発言しました。これはこの会議後、「アトリー・プラン」としてイギリスの新聞に取り上げられました。[193]アトリー・プランもなにも、チャーチルのときから閣僚たちが主張していたことです。

さらに、英加の首脳は、ある異常に気付いていました。バーンズが一人で会議に出てくるのです。国務長官たるもの、普通は国務省の事務方のトップを従えてくるものです。一人では会議録も残せません。[194]

加えて、陸軍省も海軍省も代表が出てきていないのです。もともとルーズヴェルトのマネをして秘密外交をしたがるバーンズですが、これは彼が政権内で完全に浮いてしまっていることを意味します。

イギリスとカナダ代表は「会議はまったく混沌状態だった」と述べています。会議後、一応声明は出しましたが、3カ国ともそれぞれ単独のものでした。共同声明ではなかったのです。

これはアメリカのマスコミの過熱の問題もありました。バーンズは会議でろくに話し合っていないのに両国首脳に声明を出せと迫りました。国務省関係者の誰かがリークしていて、マスコミが先に声明を記事にしてしまうからというのです。[195]バーンズは国務省内の機密保持を維持できなくなっていたのです。それにまた、アメリカだけでなく、イギリスもカナダも戦時中は完全な情報統制下に置かれて、報道の自由が制限されていましたが、それが解除されて報道が過熱していました。今までたまっていたものが、戦争が終わって一気に爆発したのです。

同じことは議会にもいえます。まえにも見たように戦争中だということで、原爆開発を議論するどころか、中身をチェックすることすらできませんでした。他も推して知るべしです。

しかし、戦争は終わりました。議員たちは自分たちの存在意義を示すためにも議会のチェック機能を国民の目をひくようにアピールしたがります。戦中と戦後はまったく違った力学のもとで政治が動くのです。バーンズは前面のソ連と戦う一方で、背後のマスコミと議会にも対処しなければならなかったのです。

## バーンズは何に合意するかより合意することを優先した

こうしてケベック協定3カ国による会議は混沌のうちに終わります。9月のロンドン外相会議に続いて大失態を演じたのですから、ここで少し間を置こう、落ち着こうと思うものなのですが、バーンズは年内に原爆のことで話し合うことをソ連に申し入れます。失態が続いたので早いうちに挽回したいと焦ったのでしょう。ソ連はいつになく素早く

OKを出しました。これは不吉な兆候なのですが、彼にはもはや気にしている余裕はありませんでした。
また、12月4日の合同方針決定委員会以降は、委員長がアメリカ側の陸軍長官（この時点でスティムソンからロバート・パターソンに替わっていた）から国務長官に替わりました。これはスティムソンがいいだしたことで、もはや戦争も終わり、原爆の問題は戦争というよりも外交の問題になったのだから委員長は国務長官が相応しいというのです。[196]たしかにその通りなので、バーンズもこれを受け、大統領も承認しました。[197]
このあと原爆に関する権限を一手に握ったバーンズがソ連に提案しようとしていた案は、スティムソン案をもとにしながらブッシュ案を少し緩めたものでした。ブッシュ案とは次のことを段階的に実行するというものです。

（1）原爆・原子力エネルギーの研究についての科学者の交流と情報交換を行う。
（2）原爆の原料の開発とその知識の交換をする。
（3）原子力エネルギーの技術的、工学的知識を交換する。
（4）原爆の軍事利用に関する保障措置を決定する。

そして、前の段階をクリアしなければ次の段階にいけないとしていました。[198]バーンズはこの案から、（1）、（2）、（3）、（4）を行うにあたっては、前の段階をクリアしなければならないという条件を取り除きました。つまり、（1）（2）（3）（4）のどの項目も、その前の段階をクリアしているかどうかにかかわらず、議論し決められるというものです。「原爆をポケットに入れて」臨んだ前回とは違って、ソ連側に極めて甘い妥協案を携えてモスクワ外相会議に臨もうとしました。[199]

ところが、これに上院と国務省から待ったがかかりました。上院のタカ派議員アーサー・ヴァンデンバーグは、これではソ連は欲しいものには合意し、いらないものには合意しないことになり、アメリカは交渉のための持札をいくつも失いながらも、結局、目指す目的が達成できなくなる、だから（4）を最初にして必須条件とするようにと主張しました。[200]

ソ連封じ込め政策の立案者として有名なジョージ・ケナンは当時、国務省の対ソ政策専門家でしたが、こう指摘しました。

「バーンズは何について合意するかというよりも合意することを優先している、これは危険だ」

つまり、バーンズは何でもいいから合意して、それを成果にしたがっていて、これにソ連がつけ込んでとんでもないことになる、と警告したのです。[201]

トルーマンはヴァンデンバーグの非難は撥ねつけるのですが、それでいながらバーンズには項目ごとに詳細な指示を出しました。

国務省案では、国連に設置する原子力委員会は安全保障理事会の下に置かれることになっていましたが、トルーマンの指示では原子力委員会は安全保障理事会の下に置かれるのではなく、単にその助言を受けるだけに変わりました。安全保障理事会は理事国が拒否権を持っているので、こうしないとこの委員会は無力化してしまうからです。

そして、前段階をクリアしているかどうかにかかわらず4つの段階のどれからでも、そして別々に進めることができるとしていたのを元に戻して、（4）をクリアしなければ次の段階に進めないとしました。とどめに、原爆に関する学術的交流と議論を行う場を国連の場以外に設ける（つまりソ連と直接交流を行う）という提案をソ連にするという案も取り下げられてしまいました。

さらにトルーマンは、ソ連による東ヨーロッパ、特にブルガリアやルーマニアの支配など、原爆以外のことについても妥協しないように、という指示を出します。[202]バーンズは手足を縛られ、持っている手札も自由に使えない状態でモロトフやスターリンと交渉しなければなりませんでした。

こうして、年の瀬も押し詰まった12月16日、バーンズは米英ソによるモスクワ外相会議に臨みます。前回とは打って変わって、モロトフは友好的でした。ポツダム会談以来、久々に会ったスターリンも協力的でした。会議後に発表したコミュニケ（声明）を読めば、それがなぜなのかがわかります。最重要課題である原子力委員会と安全保障理事会との関係については、次のように決められてしまったのです。

「（a）原子力委員会は報告と勧告を安全保障理事会に提出する。これらの報告と勧告は安全保障理事会が、平和と安全保障に鑑みてそうしないと決定しない限りは公表する。

（後略）

（b）国連憲章のもと国際平和と安全保障を維持する安全保障理事会の重い責任に鑑みて安全保障理事会は安全保障にかかわる問題に関して原子力委員会に指令を発することができる」[203]

つまり、原子力委員会が安全保障理事会の下に置かれるという合意です。バーンズは、大統領の指示を無視して、「何について合意するかというよりも合意することを優先して」しまったのです。

当然、ヴァンデンバーグなどは原子力委員会を安全保障理事会の下に置いたことを激しく攻撃しました。これでは、ソ連が原爆開発を始めても、それを国連の原子力委員会がやめるように勧告や決議をすることはできません。常任理事国としてソ連は拒否権を発動してそれを葬り去ることができるからです。もちろん、ソ連以外の理事国も同じことができます。つまり、原爆の国際管理の安全保障において最も重要な部分に穴が開いてしまったのです。

原爆の国際管理以外の中国の満州、ブルガリア、ルーマニアの問題に関しても、バーンズは必ずしも譲歩したわけではないのですが、現状を改善するようななんらかの合意をソ連から取り付けることもできませんでした。

こちらは必ずしもバーンズの至らなさのせいではありません。ソ連は何十万ものソ連軍をそのまま現地に駐留させ自国に都合のいい政権ができるまで軍事的圧力をかけ続けるのですが、これをやめさせるためには、アメリカも地上軍を送る必要があります。そうでなければソ連と対等に交渉はできません。もちろん、戦争が終わったばかりで、そんなことは不可能です。

ソ連、およびその支配地域に原爆を使おうにも、制空権もなく、数もそんなに持っておらず、ターゲット候補都市も日本の都市ほど人口が密集しておらず、そのうえ戦争で荒廃していて、敵味方が混在しています。それに、戦争に踏み切れば、原爆を使うために戦争を始めたと国際的に非難されます。原爆を持ちながら、あるいは持っているがゆえに、バーンズには打つ手がないのです。

### トルーマンはバーンズと国際管理を棄てた

アメリカ国内では、上院や国務省のほかに軍事顧問のリーヒなどブレーンまでもがバーンズの大統領の指示を無視した個人外交を非難する事態になりました。また、会議の内容やコミュニケなどを大統領にではなく、マスコミに先に知らせることが前から続いていたこともあり、ついにトルーマンはバーンズを見限ります。モスクワ外相会議から約10日後の1946年1月8日、トルーマンはバーンズが取りまとめた「東ヨーロッパに対するモスクワ会議のコミュニケ」に自分は拘束されることはないと公言しました。つまり、バーンズがモスクワで決めたことを支持しないということです。[204]大統領にこうわれたのでは、外国と交渉する国務長官としては立つ瀬がありません。大統領の支持を失った国務長官と何か交渉しようなどと考える国などないでしょう。

バーンズは密かにトルーマンに辞意を伝えざるを得ませんでした。これを大統領は同年に予定されているパリ会議まではポストに留まることを条件に了承しました。[205]正式にバーンズが辞任したのは、この翌年の１９４７年1月21日でした。

こうして、トルーマンがはじめて自分で任命した閣僚であり、暫定委員会以来二人三脚で原爆政策をリードしてきたバーンズが政権内から姿を消しました。

こうなると、バーンズのあと、原爆の国際管理をソ連と交渉しようと考える人間は出てきません。ことの難しさがわかってきたうえ、ソ連側もますます態度を硬化させ、問題もこじれて複雑化しています。バーンズとおなじ轍を踏むことは目に見えています。科学者たちがいっていたように、やはりこの問題は原爆を使用する前に解決しておくべきだったのです。解決しないまま日本に原爆を使用したのは致命的なミスだということがはっきりしました。

とはいえ、トルーマンも国際管理は必要だと思ってはいました。ですが、自分の望まない形のものならいらないと考えていました。だからこそ、バーンズを切り捨てたのです。

## トルーマンは科学者たちの警告を無視してウラン資源の独占に頼った

　では、トルーマンは、国際管理なしで、どうやってアメリカを原爆の脅威から守ろうと考えたのでしょうか。彼は科学者たちやスティムソンではなく、グローヴス陸軍少将の言葉を信じたのです。

　科学者たちと違って、グローヴスはソ連が原爆を持つのに20年か30年かかると主張していました。それは、ソ連の科学技術がアメリカよりも遅れているからというほかに、もう一つ根拠がありました。ウラン資源の独占です。[206]

　アメリカはイギリスとカナダと共に世界中のウラン資源の開発と独占を進めていました。グローヴスの試算では、3カ国で97パーセントのウラン鉱石を独占しているので、ソ連は原爆が作れないし、仮に1、2発くらい作れたとしても、アメリカが作る原爆の圧倒的数の前では問題にならない、したがって、ウラン資源の独占がある限り、アメリカはソ連の核攻撃を受けることはないというのです。[207]

　しかし、科学者たちはウラン鉱石や原爆の原料になりうる資源はどこから見つかるかわからないから、独占など不可能だといっていました。その通りだということがあとでわかります。

トルーマンは、このグローヴスのウラン資源の独占による安全保障を採りました。彼を信じたというより、自分にとって都合がいいので信じたかったのです。バーンズのソ連との交渉を見ていて、国際管理による安全保障はますます困難になっていくので、これしかないと思ったのでしょう。

現実は科学者たちのいう通りでした。ソ連は東ドイツのサクソニアに質と量ともに十分なウラン鉱山を見つけました。そして、科学者たちの予言どおり、アメリカに遅れること4年の1949年8月29日に原爆実験に成功しました。ウラン鉱山の開発によって、アメリカの保有数にはおよばないものの、アメリカの予想をはるかに上回る数の原爆を作れることも証明しました。

科学者たちが警告していた事態が現実のものとなってしまいました。アメリカはソ連との果てしない核軍拡競争に入っていきます。

## 悔い改めざるトルーマンが歯止めなき核拡散を招来させた

ソ連の原爆保有を止めることができなかったのを見て、国連の常任理事国の一つであるイギリスも1952年に原爆実験を行い、成功させます。これに同じく常任理事国のフランスが1960年に、中国が1964年に実験を成功させて続きます。国連は拒否権をもつ常任理事国の核武装を止めることができないのです。

1974年には常任理事国ではないインドが核武装しました。インドと国境紛争をした隣国の中国が核武装したのだから、自衛上そうする必要があるという主張です。インドはNPTに加入していなかったので、制裁を加えることができませんでした。

同じ理由でインドの隣国で敵対関係にあるパキスタンが1998年に核保有します。2006年には国際法上は未だアメリカと戦争状態にある北朝鮮も核武装しました。もはや歯止めはありません。日本に原爆を使用するまえに築いておかなければならなかった国際管理体制がないからです。

科学者たちが原爆を開発しているときから絶対必要だとし、文明の終わりを到来させないためにも作らなければならないと、その後も何度もアメリカとイギリスの首脳に要求してきたにもかかわらず、トルーマンは個人的な感情から原爆を使用することを先行させ、そのあとも意味のあることはまったくせずに終わってしまうのです。

あれほど頑迷だったバーンズすら、国際会議でモロトフらと交渉した結果、現実に目覚め徐々に国際管理に関する考えを変えていったのに対し、そのような場に出ていかなかったトルーマンは最初から最後までいかなる学習能力も示さなかったのです。

さて、これまでトルーマンが犯した過ち、彼の大統領としての欠陥を指摘してきましたが、現在核保有国のトップになっている大統領、元首、首相の顔を思い浮かべてみましょう。

彼らはトルーマンより、ましでしょうか。

このような過ちを犯しそうになく、人間的欠陥もなさそうでしょうか。彼らの周囲には優秀な閣僚、側近、官僚、科学者はいるでしょうか。そうだとして、国家のトップたちは、彼らの英知に素直に耳を傾け、常に理性的な判断ができるでしょうか。

だとすれば、私たちは、自ら戦争をしかけず、平和を祈っていれば、二度と原爆の災禍に遭うことはないでしょう。原爆死没者も安らかに眠ることができると思います。

そうではないと思うのなら、今まで疑ったことがないものを疑い、考えたことがないものを考え、したことがないことをしてみなくてはなりません。

同じことを繰り返していては、いつヒロシマ・ナガサキの過ちが繰り返されるかわかりません。

# あとがき

本書は次の3つのことによって書くことが可能になりました。第1はアメリカ国立第二公文書館などアメリカで過去25年間毎年ほぼ2回、イギリス国立公文書館などイギリスで過去7年間毎年1回、歴史資料を収集してきたこと。第2は日本学術振興会科学研究費補助金（平成29〜31年）を得て、前述2カ国の公文書館などに加えてカナダの公文書館でも歴史資料の収集を行い、原爆関係の収集資料を新たに増やすことができたこと。第3は平成28年から30年までの2年間早稲田大学から特別研究期間をいただいて、オックスフォード、ベルン、シドニーに長期滞在し、特にベルン大学のダニエル・セガッソー教授の影響を受けて、グローバル・ヒストリーという歴史の見方をするようになったことです。

第1、第2は別として、第3については少し説明が必要だと思います。日本のマスコミが作る言論空間は世界から見て、きわめて異常です。日本人はマスコミによって毎年8月6日と9日に「日本は誤った戦争をした結果、原爆が落とされた。原爆の被害は悲惨なものだった。これが二度と起きないよう非戦を誓い、平和を祈ろう」とお題目を唱えさえすれば、あとはなにも考えなくていいかのように思い込まされています。核兵器を保有する国がどんどん増え、そのうちの少なくとも3カ国は日本を「武力攻撃」する可能性があるという現実があるにもかかわらずです。日本の言論空間にいては、この思考停止状態から抜けだして根源的な問題を問い直すことは、ほとんど不可能といえます。

また、日本にいると、広島・長崎への原爆投下は、日本とアメリカの2国間で起こった問題だというマスコミが生み出した固定観念から抜け出せず、それが本来持っていたグローバルな歴史的コンテキストに目が向きません。そういったものがあることすら気付かないのです。このようなコンテキストは日本、アメリカ、イギリス、カナダを俯瞰するグローバル・ヒストリーの視点からのみ見えます。そのことは、原爆投下と終戦工作について私が過去に書いた『アレン・ダレス――原爆・天皇制・終戦をめぐる暗闘』（講談社、2009年）や『「スイス諜報網」の日米終戦工作――ポツダム宣言はなぜ受けいれられたか』（新潮選書、2015年）と本書とを読み較べてくだされればご理解いただけるものと思います。

特に第2、第3のアドヴァンテージをこの2年間に同時に得ることができたことは本書を書く上でとても重要なことでした。このような幸運に恵まれたことを公文書研究者として、とてもありがたく思っています。

最後に、2年間にわたって私の代わりに学内の委員会に出てくださった同僚の方々、出張書類などの作成でお世話になった事務職員の方々、拙稿のファクトチェックや誤字脱字の訂正などでお世話になった新潮社の校正係の方々、本書の企画やそのもととなった記事のアイディアに耳を傾け、それらに形を与えてくださった新潮新書と『新潮45』の編集部の方々に心よりお礼を申し上げます。

本書を広島と長崎で貴い命を奪われた犠牲者の御霊に捧げます。

2018年5月5日　七ツ森を望む自宅にて

## 註釈


1 アインシュタインのルーズヴェルト宛の最初の手紙 https://hypertextbook.com/eworld/einstein/

2 Robert Jungk, *Brighter than a Thousand Suns: The Story of the Men Who Made The Bomb*, translated [from the German] by James Cleugh (New York, Grove Press, 1958), pp. 109–111.

3 実際、１９４５年3月25日のルーズヴェルト宛の４回目の手紙では、「自分が最初に勧めたのは国防に関するウラニウムの研究の重要性だ“potential importance of uranium for national defense”)」といっています。https://hypertextbook.com/eworld/einstein/

4 Richard Rhodes, *The Making of the Atomic Bomb* (Simon & Shuster, 1986) p.394.

5 不思議なことにルーズヴェルト大統領が原爆開発を正式に承認した公文書は存在しません。ですが、１９４１年10月９日付のブッシュのコナント宛の覚書からそれ以前に承認していたことがわかります。公文書として残っているのは１９４２年１月19日付ブッシュ宛の「ＯＫ」と書かれたメモだけです。Rhodes, p.338.

6 ウラン委員会、Ｓ‐１については以下のサイト参照。https://www.atomicheritage.org/history/s-1-committee

7 Richard G. Hewlett & Oscar E. Anderson, *The New World, 1939-1946* (Pennsylvania State University Press,1962), pp.41-42 ; Rhodes, p.338.

8 Rhodes, pp.549-550.

9 Margaret Gowing, *Britain and Atomic Energy 1939-1945* (Palgrave Macmillan, 1964), pp. 88-89.

10 Chares Frank, *Operation Epsilon : The Farm Hall Transcripts* (Universiy of California Press), p.92.

11 https://www.youtube.com/watch?v=eV-ElwRwdlM

12 Operation Epsilon, p.92.
13 有馬哲夫『歴史問題の正解』（新潮新書、２０１６年）第2章参照。
14 https://www.atomicheritage.org/key-documents/frisch-peierls-memorandum　Robert Serber, *The Los Alamos Primer*, ed. Richard Rhodes (Univ. of California Press, 1992), Appendix I, The Frisch-Peierls Memorandum, p.82.
15 Gowing, p.58.
16 *The Los Alamos Primer*, p.82.
17 Graham Farmelo, *Churchill's Bomb* (Faber&Faber, 2013), pp.282-283.
18 Richard Rhodes,"The Atomic Bomb in the Second World War" in ed., Kelly Remembering, *Manhattan Project:Perspective on the Making of the Atomic Bomb and It's Legacy* (World Scientific Publishing Co, 2004), p.22.
19 Gowing, p.49.
20 Gowing, p.43; Farmelo, pp. 141-143.
21 Report by M.A.U.D.E Committee (1941) on the Use of Uranium for a Bomb, 4AR/200/221 (The National Archives, London).
22 詳しくはオックスフォード大学ナフィールド・カレッジ所蔵のチャーチル―リンデマン書簡を参照。https://www.nuffield.ox.ac.uk/media/2255/cherwellindexofcorrespondents.pdf
23 カナダ側の公式記録ではこの原子炉が臨界に達したのは１９４５年の９月だとしています。しかし、その前、それも原爆の使用前だった可能性があります。http://www.nuclearsafety.gc.ca/eng/resources/fact-sheets/Canadas contribution-to-nuclear-weapons-development.cfm
24 Rhodes, pp.361-365.

25 From Vannevar Bush-George Marshall, October 13, 1945, The Papers of George C. Marshall, Reel 7 (University Publications of America, 1993). １９４２年９月23日の時点でのメンバーは陸軍長官、陸軍参謀総長、サマーヴィル陸軍中将、スタイヤー陸軍大将、グローヴス陸軍少将、ブッシュ、コナント、書記としてハーヴェイ・バンディが入っていました。Recording of Meeting Held September 23, 1942 in Office of Secretary of War, Harrison - Bundy Files, Manhattan Engineering District Papers, RG 77 (The National Archives II, College Park).

26 The Azusa Files, box 134, RG206 (National Arichives II, College Park). なお、ＮＨＫ番組『盗まれた最高機密―原爆・スパイ戦の真実―』（２０１５年11月１日放送）は、従来の代表的研究書をところどころつまみ食いしたものであるうえ、原資料を読まずに何かの二次資料を孫引きしたためかこれを「アルソス」工作としています。正しい読み方はオルソスですが、この工作は番組が誤って伝えているような対ドイツ工作ではなく、対イタリア工作の名称です。詳しくは、有馬哲夫『アレン・ダレス――原爆・天皇制・終戦をめぐる暗闘』（講談社、２００９年）第６章「マンハッタン計画と『アズサ工作』」、山崎正勝、日野川静枝編著『原爆はこうして開発された』（青木書店、１９９７年）、１６４頁参照。

27 Gowing, chapter 6.

28 Excerpt from Report to the President by the Military Policy Committee, 15 December 1942, with Particular Reference to Recommendations Relating to Future Ralations with the British and Canada, Harvey Bundy Files (The National Archives II, College Park).

29 Brian Loring Villa,"Canada and Atomic Collaboration: 1941-43", Photocopy of a Paper Presented at an international Conference on The Second World War as A National Experience, held in Ottawa, November 1979 (Canadan War Museum, Ottawa), p.3.

30 Farmelo, pp.188-195.

31 Farmelo, pp.224-233.

32 Rhodes, pp.367-368 ; Farmelo, pp. 278-280.

33 Villa, p.23.

34 Articles of Agreement, governing collaboration between the authority of the U.S.A. and the U.K. in the matter of Tube Alloys, August 19, 1943, FO 800/540 (The National Archives, London).

35 Draft Historical Report for Project S - 37, December 1, 1944, box 22, Manhattan Engineer District Records, Modern Military Section, The National Archives II, College Park.

36 A Review of Liaison Activities Between the Canadian and the United States Atomic Energy Projects, February 19, 1947, Harvey Bundy Files.

37 Villa, pp.23-24.

38 Combined Development Trust : General File, CAB 126/93 (The National Archives, London) https://history.state.gov/historicaldocuments/frus1944v02/d885

39 Combined Policy Committee, Memorandum on Allocation by British Members (undated), Harvey Bundy Files.

40 長崎原爆資料館収蔵品検索 http://city-nagasaki-a-bomb-museum-db.jp/collection/81002.html

41 Hyde Park Agreement September 1944, CAB 126/183 (The National Archives, London).

42 Gowing, p.358.

43 Gowing, pp.346-362.

44 Major Calvert, Interview with Professor F. Joliot, London, September 5th and 7th, 1944, Harrison - Bundy Files.

45 Farmelo, pp.272-273.

46 L. I. Cambell - Bill, April 23, John Anderson - Wilson, Hyde Park Agreement 1944, (The National Archives, London). 以下、Hyde Park Agreement とします。

47 Gowing, p.351.

48 詳しくは有馬哲夫『原発・正力・ＣＩＡ』（新潮新書、２００８年）第６章参照。

49 A Review of Liaison Activities Between the Canadian and the United States Atomic Energy Projects, February 19, 1947, Harvey Bundy Files.

50 Canada's Position in the development of Atomic Energy, October 29, 1945, pp.4-7 W-46-A,vol.2 1945, RG2 (Library and Archives Canada, Ottawa).

51 Minutes of Combined Policy Committee Meeting Held at the Pentagon on July 4th, 1945 - 9:30 A.M.; Combined Policy Committee, Memorandum on Allocation by the British Members, Harvey Bundy Files. ほかにもイギリスはドイツから接取したウラン化合物（一説ではプルトニウム）をアメリカに引き渡しています。イギリスのＢＢＣのNazi Uranium for Manhattan Projectは、これが長崎に投下された原爆に使用されたと主張しています。https://www.youtube.com/watch?v=pNLRmDFx8Xw

52 Canada's Position in the development of Atomic Energy, October 29, 1945, p.4, Harvey Bundy Files.

53 Memorandum For Dr. Conant, September 23, 1944, Bush - Conant Files, RG 227, microfilm 1392 (The National Archives II, College Park).

54 Memorandum from Bush and Conant to Secretary of War, September 30, 1944, Harrison - Bundy Files.

55 March 15, 1945. The Diaries of Henry Lewis Stimson in the Yale University. 以下、Stimson Diaries とします。

56 https://inf2149decisionmaking.wikispaces.com/file/view/Stimson+-+Harper+Feb+1947+-+Decision+to+Use+the+Atomic+Bomb.pdf

57 Memorandum for the President from James Byrnes, March 3, 1945, Harvey Bundy Files.

58 Bertrand Goldschmidt, *Atomic Adventure* (Pergamon, 1964), p.35.

59 https://www.trumanlibrary.org/whistlestop/study_collections/bomb/large/documents/index.php?documentdate=1945-08-06&documentid=6&pagenumber=1

60 Stimson Diaries, April 25, 1945.

61 Charles McMoran Wilson, *Churchill: Taken from the Diaries of Lord Moran* (Houghton Mifflin, 1966), p.301.

62 Eugene H. Dooman, Occupation of Japan, Oral History Research Office, Columbia University 1973, Dooman Papers box 2, p.28.

63 Hewlet & Anderson, p.321; Gowing, p.379.

64 Memorandum for the Secretary of War from General L. R. Groves, "Atomic Fission Bombs," April 23, 1945, Commanding General's file, RG 77 (The National Archives II, College Park), Untitled memorandum by General L.R. Groves, April 25, 1945, Papers of General Leslie R. Groves, Correspondence 1941-1970, box 3, "F", RG200 (The National Archives II, College Park).

65 Wilson - John Anderson, April 30, 1945. Hyde Park Agreement.

66 Notes on Initial Meeting of Target Committee, May 2, 1945, Top Secret Documents, Manhattan Engineering District Papers, RG 77 (The National Archives II, College Park).

67 暫定委員会のような会議体そのものは、ブッシュが提言したこともあって、スティムソンは、いずれ作らなければばならないと１９４４年の12月初めには思っていたようです。

68 J. S. M. Washington - A.M.S.S., May 16, Makin-Ronald Gorel Barnes, Anthony Eden, May 19, 1945, Hyde Park Agreement.

69 J. S. M. Washington - A.M.S.S., June 25, 1945, Hyde Park Agreement.

70 例えば以下の文書を読むとそれがよくわかります。From JSM Washington to AMSSO, May 10, 1945, Hyde Park Agreement.

71 Hyde Park Agreement.

72 From Wilson to Anderson, April 30. 1945, Hyde Park Agreement.

73 From JSM Washington to AMSSO, April 20, 1945, Hyde Park Agreement.

74 July23, Charles McMoran Wilson, p.301.

75 T.A. A Memorandum to John Anderson, March 20, 1945, Hyde Park Agreement.

76 Notes of an Informal Meeting of the Interim Committee, Wednesday 9 May 1945, 9:30 A.M.-12:30 A. M., Harrison-Bundy Files.

77 バーンズは真珠湾攻撃のあと時をおかず自らの意志で連邦最高裁判事を辞め、戦時動員局長になっています。https://www.encyclopedia.com/people/history/us-history-biographies/james-francis-byrnes

78 Walter Millis, ed. *The Forrestal Diaries*（Crown Publishing, 1951）, p. 54.

79 Hyde Park Agreement.

80 From JSM Washington to AMSSO, May 24, 1945. Hyde Park Agreement.

81 アンダーソンは、アメリカ陸軍参謀総長のマーシャルと頻繁にコミュニケーションを取っていました。特に原爆の使用については、マーシャルがイギリス側にアメリカ軍の意向を伝えていました。Anderson-Wilson May 12, 1945, Hyde Park Agreement.

82 Memorandum to the Secretary of War, June 16, 1945, Harvey Bundy Files.

83 July23, 1945. McMoran Wilson, p.301.

84 Memorandum of Conversation with General Marshall, May 29, 1945, "Safe File" 7/40-9/45. RG 107 (National Archives II, College Park).

85 Notes of the Interim Committee Meeting Thursday, 31 May 1945, Harvey Bundy Files.

86 Stimson Diaries, May 31, 1945.

87 Notes of Meeting of the Interim Committee, Friday, 1 June, 1945, 11A.M.-12:30P.M.,1:45P.M.-3:30P.M., Harrison-Bundy Files.

88 Spencer Weart and Gertrud Szilard, *Leo Szilard: His version of the Facts* （MIT Press, 1978）, p.184.

89 Notes of Interim Committee Meeting, Thursday, June 21, 1945; R. Gordon Arneson, Memorandum for Harrison, June 8, 1945, Harvey Bundy Files. など。

90 Henry Stimson, "The Decision to Use the Atomic Bomb", *Harpers Magazine,* February, 1947, p.101.

91 David A. Rosenberg, "U.S. Nuclear Stockpile, 1945-1950," *Bulletin of the Atomic Scientists*, May 1982, pp.25-30. Gregg Herken, *The Winning Weapon* (Princeton University Press, 1981), footnote in xiii, pp.372-373.

92 Memorandum on the Use of S-1 Bomb by Ralph Bard, June 27, 1945, Harrison-Bundy Files.

93 Steve Weintz, "A 'Nuclear Pearl Harbor' : America's Master Plan to Nuke Japan's Navy", *The National Interest,* November 13, 2015. http://nationalinterest.org/blog/the-buzz/nuclear-pearl-harbor-americas-master-plan-nuke-

japans-navy-14337

94 https://www.trumanlibrary.org/whistlestop/study_collections/bomb/large/documents/index.php?documentdate=1945-08-11&documentid=11&pagenumber=1, https://www.trumanlibrary.org/whistlestop/study_collections/bomb/large/documents/index.php?documentid=59&pagenumber=1

95 Truman to Bess, June 22, 1911, reprinted in ed., Robert Ferrel, *Dear Bess: The Letters from Harry to Bess Truman, 1910-1959* (University of Missouri Press, 1998), p.39.

96 有馬哲夫『歴史問題の正解』（新潮新書、２０１６年）第2章参照。

97 Ronald Takaki, *Hiroshima: Why America Dropped the Atomic Bomb* (Little Brown and Co., 1995); John Dower, *War Without Mercy: Race and Power in the Pacific War* (Pantheon, 1986) トルーマンは中西部（ミズーリ州）、バーンズは南部（サウスカロライナ州）の、しかも大学教育を受けていないローカル政治家だということは注目に値します。彼らが同時代の同地方の人々より突出して人種的偏見が強かったとは思いませんので、彼らの個人的偏見というより、アメリカ中西部と南部の人々の平均的人種的偏見だと考えます。それが日本人から見て明確に、どうしようもないくらい歪んでいて、彼らの周辺にいたアメリカ政府高官や軍人（ほとんどはアメリカ東部の名門大学出で、国際経験が豊富なエリート）の助言を受け入れさせなかった要因になったと考えます。よりによって日本にとって一番大切な時期に、中西部と南部という人種的偏見の強い地方出身の海外経験に乏しい政治家によってアメリカ政治が主導された、ということは不運としかいいようがありません。

98 Stimson Diary, June 6, 1945.

99 グルーは満州事変のあとに駐日アメリカ大使となり、日米開戦までその任にありました。これほど長く駐日大使を務めた外交官は他にいません。アメリカ随一の知日家であり、天皇およびその周辺、財閥関係者とも太いパイプをもっていました。

100 東郷茂徳『時代の一面』（中公文庫、１９８９年）、４７９頁：「バチカン工作」原田公使発東郷外務大臣宛六月三日発六月五日発『大東亜戦争関係一件「スウェーデン」、「スイス」、「バチカン」等に於ける終戦工作関係』（外務省外交史料館、東京）１１７頁、Alleged Japanese Peace Feeler, Memorandum of Information for the Chief of Joint Chiefs of Staff, May 12, Possible Japanese Peace Feelers, Memorandum of Information for the Chief of Joint Chiefs of Staff, June 1, 1945, May 31, Washington Director's Office, Records of OSS, M1642, RG 226 (The National Archives II, College Park). なお、スウェーデンで戦略情報局の協力者エリック・エリクソンとの接触を報告したのは5月17日、「バッゲ」工作について電報をやり取りしたのも5月10日のことです。栗原健、波多野澄雄編『終戦工作の記録(下)』（講談社、１９８６年）、２６８頁

101 詳細は『歴史問題の正解』第6章に譲る。

102 『ワシントン・ポスト』の１９４５年6月29日の世論調査によりますと、「天皇をどうするか」という問いに対して、次のような結果がでていました。（１）処刑　33パーセント（２）裁判で決める　17パーセント（３）終身刑　11パーセント（４）追放　9パーセント（５）日本を操作する／傀儡にする　３パーセント（６）軍閥の道具だったので何もしない　4パーセント（７）その他回答なし　23パーセント Washington Post, June 29, 1945.

103 Diaries of John J. McCloy, Memorandum of Conversation with General Marshall and the Secretary of War, May 29, 1945, DY1, McCloy Papers (Amherst College Archives, Amherst).

104 June 12, 1945, Minutes of Meetings, Committee of Three, Formerly Top Secret Correspondence of the Secretary of War, Stimson ("Safe File") July 1940 - September,1945, box 3, RG107 (The National Archives II, College Park).

105 Stimson - President, July 2, 1945, the Conference of Berlin vol.1, FRUS, pp.889-892.

106 Timing of Proposed Demand for Japanese Surrender, June 26, 1945, Office of the Secretary of War, Formerly Top Secret Correspondence of Secretary of War Stimson ("Safe File"), July 1940 - September 1945, box 8, Japan,RG 107 (The National Archives II, College Park).
107 Stimson - President, July 2, 1945, the Conference of Berlin, p.892.
108 マクロイの案はこのあと7月2日にスティムソンが大統領に渡した最終案に活かされます。Stimson - President, July 2, 1945, the Conference of Berlin, pp.889-892.
109 Minutes of Meetings of the Committee of the Three, June 26, 1945, the Conference of Berlin, p.887.
110 Stimson - President, July 2, 1945, the Conference of Berlin, pp.889-894.
111 July 6, 1945, Draft Proclamation by the Heads of States; U. S. - U. K. [U. S. S. R], China, the Conference of Berlin, pp.897-899.
112 Personal to Sir John Anderson from Field Marshal Wilson, June 22, 1945, Decision to Use the Atomic Bomb against Japan, CAB 126/146 (The National Archives, London). 以下、同じファイルの文書は Decision to Use the Atomic Bomb とします。
113 Farmelo, p.517, note no.,59.
114 Following Personal for Chancellor of Exchequer from Field Marshal Wilson, June 23, 1945, Decision to Use the Atomic Bomb.
115 Following Personal for Chancellor of Exchequer from Lord Halifax and Field Marshal Wilson, June 28, 1945, Decision to Use the Atomic Bomb.
116 For Lord Halifax and Field Marshal Wilson from Chancellor of Exchequer, June 30, 1945, Decision to Use the

Atomic Bomb.

117 From Chancellor of Exchequer for Lord Halifax and Field Marshal Wilson, July 2, 1945, Decision to Use the Atomic Bomb.

118 Extract from Minutes of Combined Policy Committee Meeting held at the Pentagon on July 4, 1945-9.30 a.m. Decision to Use the Atomic Bomb.

119 Stimson Diaries, July 16, 1945.

120 Telegram, July 16, 1945, Records of OSS, M1642, RG226 (The National Archives II, College Park).

121 Memorandum on the Use of S-1 Bomb by Ralph Bard, June 27, 1945, Harvey Bundy Files.

122 MAGIC, No. 1204, July 12, 1945, box 18, RG457 (The National Archives II, College Park).

123 Oral History Interview with George M. Elsey, Harry S. Truman Library, http://www.trumanlibrary.org/oralhist/elsey7.htm#343. また、以下で言及するアレンの7月16日のスイスの対日終戦工作についての報告書も『アメリカの外交』に外交文書として収録されています。FRUS, 1945 General, Vol. IV, pp.488-494.

124 McCloy Diary, July 16, 1945, Diaries of John J. McCloy, Box DYI, McCloy Papers, Amherst College.

125 Stimson Diaries, July 17, 1945.

126 McCloy Diaries, July 17, 1945.

127 Notes by Harry S. Truman on the Potsdam Conference, July 17, 1945. President's Secretary's File, Truman Papers, https://www.trumanlibrary.org/whistlestop/study_collections/bomb/large/documents/index.php?documentid=63&pagenumber=1

Harry S. Truman on the Potsdam Conference, July 18, 1945.

https://www.trumanlibrary.org/whistlestop/study_collections/bomb/large/documents/index.php?documentid=63&pagenumber=2

128 Harry S. Truman, *Year of Decisions* (Garden City, NY : Doubleday and Company, 1955), vol.1, p.416.

129 R. Gordon Arneson, Memorandum for Mr. Harrison, June 25, 1945, Harrison - Bundy Files.

130 July 18, Charles McMoran Wilson, pp.293-294.

131 July 23, Charles McMoran Wilson, p.301.

132 July 23, Charles McMoran Wilson, p.301.

133 Stimson Diaries, July 22, 1945.

134 http://www.nuclearfiles.org/menu/library/correspondence/truman-harry/corr_truman_1945-07-24.htm

135 Harry S. Truman, p.416. “On July 24 I casually mentioned to Stalin that we had a new weapon of unusual destructive force. The Russian Premier showed no special interest. All he said was that he was glad to hear it and hoped we would make good use of it against the Japanese.”

136 長谷川毅『暗闘――スターリン、トルーマンと日本降伏』(中央公論新社、２００６年)、２６３頁

137 Stimson Diaries, July 24, 1945.

138 Stimson Diaries, July 24, 1945.

139 広島市と長崎市の原爆死没者名簿への登録数。http://www.city.hiroshima.lg.jp/www/contents/1522028743926/index.html; http://www.city.nagasaki.lg.jp/heiwa/3020000/3020100/p002235.html

140 厚生労働省、政策レポート（シベリア抑留中死亡者に関する調査について）。http://www.mhlw.go.jp/seisaku/2009/11/01.html、広田純「太平洋戦争における我が国の戦争被害」『立教経済学研究』第45巻第4号14頁

141 Meeting of the Joint Chief of Staff, Tuesday, July 17, 1945, FRUS, the Conference of Berlin, vol.2, pp.39-40 ; Meeting of the Joint Chief of Staff, Wednesday, July 18, 1945, FRUS, The Conference of Berlin, vol.2, pp.1268-1269.

142 チャーチルの署名欄には“by H.S.T.”（ハリー・S・トルーマンによる）、蔣介石の署名欄には“by wire”（電報による）とトルーマンが自筆で書き込んでいます。

https://history.state.gov/historicaldocuments/frus1945Berlinv02/d1382

https://search.yahoo.co.jp/image/search?rkf=2&ei=UTF-8&gdr=1&p=Potsdam+declaration+signature#mode%3Ddetail%26index%3D0%26st%3D0

143 Byrnes, p.208. なお以下のソ連の対日参戦を国際法上合法性を欠くものにしようというトルーマンとバーンズの画策を初めて明らかにしたのはカリフォルニア大学サンタバーバラ校名誉教授の長谷川毅です。Tsuyoshi Hasegawa, “The Soviet Factor in Ending the Pacific War,” A Report submitted to the National Council for Eurasian and East European Research, October 28, 2003.

144 Truman, Memoirs, vol.1, pp.402-403, James Byrnes, *Speaking Frankly*（Harper & Brothers, 1947）, p.208.

145 東郷茂徳『時代の一面』（中公文庫、１９８９年）、５０５頁

146『時代の一面』、４７９頁、「バチカン工作」原田公使発東郷外務大臣宛六月三日発六月五日発『大東亜戦争関係一件「スウェーデン」、「スイス」、「バチカン」等に於ける終戦工作』、１１７頁

147『歴史問題の正解』第８章参照。

148『時代の一面』、４８７～５０７頁

149 Eugene Dooman, Occupation of Japan, III, p.198.

150 Cable WAR 37683 from General Handy to General Marshall, enclosing directive to General Spaatz, July 24, 1945,

Top Secret, https://nsarchive2.gwu.edu/NSAEBB/NSAEBB162/41c.pdf

151 Cable VICTORY 261 from Marshall to General Handy, July 25, 1945, Top Secret Document, (National Archives II, College Park).

152 Notes of the Interim Committee Meeting Thursday, 31 May 1945, Harvey Bundy Files.

153 長谷川、325～326頁

154 有馬哲夫『「スイス諜報網」の日米終戦工作』（新潮選書、2015年）特に第9章参照。

155 Telegram No747, 10.8.1945, No769,14.8,1945, No788, 8.11.1945, No804, 8.14,1945, CH - BAR E2801 (-) 1957/77/vol 3.Diplomatic Documents of Switzerland 1848-1975, Swiss Federal Archives (Bern).

156 詳しくは、有馬哲夫「御聖断だけでは戦争は終わらなかった」『新潮45』2017年8月号

157 有馬哲夫「御聖断だけでは戦争は終わらなかった」

158「廣嶋を空襲」『朝日新聞』1945年8月7日、「廣嶋へ敵新型爆弾」『朝日新聞』1945年8月8日

159 佐藤元英、黒沢文貴編『GHQ歴史課陳述録――終戦資料』上巻（原書房、2002年）、73頁

160 寺崎英成、マリコ・テラサキ・ミラー編著『昭和天皇独白録』（文春文庫、1995年）、151頁

161 Charles L. Mee, *Meeting at Potsdam* (M. Evans & Co., 1975), p.175.

162 Stimson, "The Decision to Use the Atomic Bomb", K.T. Compton, "If the Atomic Bomb Had Not Been Used," *Atlantic Monthly,* December 1946.

163 David Kaiser, "Why the United States Dropped Atomic Bombs in 1945", *Times,* May 25, 2016.

164 Stimson Diaries, July 21, 1945. Memorandum from General L. R. Groves to Secretary of War, "Test," July 18, 1945, Manhattan Engineering District Papers, Top Secret Documents (National Archives II, College Park).

165 Henry Wallace Diary, August 10, 1945, Papers of Henry A. Wallace, Special Collection Department (University of Iowa Library, Iowa City).

166 たとえばトルーマンの8月10日付リチャード・ラッセル宛ての書簡がそうです。https://www.trumanlibrary.org/whistlestop/study_collections/bomb/large/documents/index.php?documentdate=1945-08-09&documentid=9&studycollectionid=abomb&pagenumber=1/

167 詳しくは、有馬哲夫「原爆は誰のものか」『新潮45』２０１６年9月号参照。

168 以下、ボーアのチャーチルとトルーマンに対する国際管理についての説得工作は Gowing, pp.354-359 参照。

169 Gowing, p.350.

170 Gowing, pp.350-363.

171 Gowing, p.350.

172 Gowing, p.352.

173 Gowing, p.355.

174 Gowing, p.357.

175 Salient Points Concerning Future International Handling of Subject of Atomic Bombs ; Supplementary Memorandum, September 30, 144, microfilm 1392, RG 227 (The National Archives II, College Park).

176 W. Averell Harriman and Elie Able, *Special Envoy to Churchill and Stalin* (Random House, 1975), pp. 452-453.

177 Memorandum discussed with the President, Stimson Diaries, April 25, 1945.

178 Hyde Park Agreement のなかの特に4月以降の日付の文書参照。

179 Minutes of Interim Committee, May 31, 1945, Harrison-Bundy Files.

180 Minutes of Interim Committee, May 31, 1945, Harrison-Bundy Files.

181 Notes of the Interim Committee Meeting, Thursday, 31 May 1945, Harvey Bundy Files.

182 Memorandum form Arthur B. Compton to the Secretary of War, enclosing "Memorandum on 'Political and Social Problems,' from Members of the 'Metallurgical Laboratory' of the University of Chicago," June 12, 1945, Harrison-Bundy Files.

183 Memorandum for the President, from Stimson to President, September 11, 1945, FRUS 1945, vol. 2, pp. 40-44.

184 以下のタイトルでニューヨーク・タイムズ紙上で報道されました。Plea to Give Soviet Atom Secret Stirs Debate in Cabinet ; Wallace Plan to Share Bomb Data as Peace Insurance, *New York Times*, September 30, 1945.

185 "W.B.'s Book", September 11, 1945, James Byrnes MSS (Clemson University, South Carolina), pp.51-52.

186 James Brynes, pp.102-103 ; Herken, p.46.

187 Brynes, p.103. Edward Weintal, transcript, Dulles Oral History Project, Dulles MSS.

188 Herken, pp.45-46.

189 Byrnes, p.107.

190 Minutes of Combined Policy Committee Meeting Held at the Pentagon on October 13th, 1945-10 A.M., Harvey Bundy Files.

191 From L. B. Pearson to the Secretary of State for External Affairs, November 21, p.4, W-46-A,vol.2 1945, RG2 (Library and Archives Canada, Ottawa).

192 From L. B. Pearson to the Secretary of State for External Affairs, p.3.

193 From L. B. Pearson to the Secretary of State for External Affairs, p.5. *New York Times*, November 11-13, 1945.

194 From L. B. Pearson to the Secretary of State for External Affairs, p.5
195 From L. B. Pearson to the Secretary of State for External Affairs, p.5.
196 From Stimson to President, September 21, 1945, Havey Bundy Files.
197 Minutes of Combined Policy Committee meeting held at the State Department on December 4th, 1945, Harvey Bundy Files.
198 Memo by Bush to the Secretary of State, November 5, FRUS 1945, vol.2, pp.69-73.
199 State Department Working Committee to Byrnes, December 19 and 21, 1945, Harrison-Bundy File.
200 Arthur H. Vandenberg, Jr., ed., The Private Papers of Senator Vandenberg (Gollancs,1953), pp. 229-230.
201 George F. Kennan, *Memoirs*, 1925-1950 (Little Brown and Co., 1967), pp.286-288.
202 Herken, p.88.
203 Communique on the Moscow Conference of the Three Foreign Ministers, December 27, 1945, FRUS, vol.2, p.823.
204 Herken, p.92.
205 バーンズ自身は健康の悪化を理由に、１９４６年の６月にソ連との協定締結で区切りがついたあと、同年12月に自分の辞任についてトルーマンと話し合ったとジャーナリストのドゥルー・ピアソンに述べています。From James Byrnes to Drew Pearson, June 17, 1949, reel 7, The Papers of George C. Marshall.
206 New World, 359-360 ; Lloyd Gardner, *Architects of Illusion: Men and Ideas in American Foreign Policy 1941-1949* (Quadrangle, 1970), pp.90-93; Herken, pp.98-99.
207 From Groves to Patterson, December 3, 1945, FRUS 1945, vol. 2, pp.84-89.

※掲載したウェブサイトや YouTube の動画などは、閲覧・視聴できなくなっている可能性があります。

有馬哲夫　1953(昭和28)年生まれ。早稲田大学教授。オックスフォード大学客員教授。著書に『原発・正力・CIA　機密文書で読む昭和裏面史』『こうして歴史問題は捏造される』など。

新潮新書

782

原爆《げんばく》　私《わたし》たちは何《なに》も知《し》らなかった

著　者　有馬哲夫《ありまてつお》

2018年9月20日　発行

発行者　佐藤隆信

発行所　株式会社新潮社
〒162-8711　東京都新宿区矢来町71番地
編集部(03)3266-5430　読者係(03)3266-5111
http://www.shinchosha.co.jp

印刷所　株式会社光邦

製本所　憲専堂製本株式会社

© Tetsuo Arima 2018, Printed in Japan

乱丁・落丁本は、ご面倒ですが
小社読者係宛お送りください。
送料小社負担にてお取替えいたします。

ISBN978-4-10-610782-5 C0222

価格はカバーに表示してあります。